码上学技术·绿色农业关键技术系列

核桃
高质高效生产200题

张鹏飞 主编

中国农业出版社
北 京

编写人员

主　　编　张鹏飞（山西农业大学）

副 主 编　李彦平（柳林县农机服务中心）

参编人员　刘亚令（山西农业大学）

　　　　　高新明（平定县生产力促进中心）

　　　　　李　朝（乡宁县林业局）

　　　　　王冬丽（石楼县科学技术协会）

　　　　　刘建华（乡宁县生产力促进中心）

　　　　　荆明明（乡宁县生产力促进中心）

　　　　　杨丽文（石楼县农业农村局）

前　言

　　核桃在我国的种植历史已有3000多年，与扁桃、腰果、榛子并称"世界四大坚果"。核桃营养丰富，富含人体所需的蛋白质、脂肪、碳水化合物、矿质元素、维生素等，有补气养血、润燥化痰、健胃补脑等多种保健功能，因而被称为"长寿果"。一方面，核桃"药食同源"，常吃核桃好处多多，加之核桃价格亲民，因而受到广大消费者的青睐。另一方面，核桃适栽范围广，栽培技术较为简单，所以许多地方都大力发展核桃种植，我国已经成为世界核桃生产大国。

　　2002年1月10日，国务院西部开发办公室召开退耕还林工作电视电话会议，确定全面启动退耕还林工程，从保护和改善生态环境出发，将易造成水土流失的坡耕地有计划、有步骤地停止耕种，按照适地适树的原则，因地制宜地植树造林，恢复森林植被。2017年10月18日，习近平总书记在党的十九大报告中指出，坚持人与自然和谐共生，必须树立和践行"绿水青山就是金山银山"的理念，坚持节约资源和保护环境的基本国策。2020年8月31日，中共中央政治局召开会议，审议《黄河流域生态保护和高质量发展规划纲要》。会议指出，黄河是中华民族的母亲河，要把黄河流域生态保护和高质量发展作为事关中华民族伟大复兴事业的千秋大计，贯彻新发展理念，遵循自然规律和客观规律，统筹推进山水林田湖草沙综合治理、系统治理、源头治理，改善黄河流域生态环境，优化水资源配置，促进全流域高质量发展，改善人民群众生活，保护传承弘扬黄河文化，让黄河成为造福人民的幸福河。在国家政策的引导下，许多地方将核桃作为

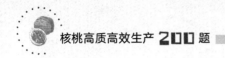

重要的生态经济林树种纳入退耕还林政策支持的范围，全国核桃生产有了突飞猛进的发展，面积和产量均大幅度提高，全国有 20 个省（自治区、直辖市）的 1 000 多个县栽植核桃，已有超过 40 个县（区）被评为"中国核桃之乡"，可见核桃的影响面之广。

随着核桃产业的发展，核桃种植面积和产量都增加了很多，但是管理水平与发达国家相比还有很大的差距。虽然我国也有一些单产很高的核桃园，但是大多数核桃园管理还比较粗放，产量低、病虫害发生较多，尤其受晚霜危害影响，一些地方品种不纯，市场售价低，严重打击了农民的积极性。在核桃产业发展的道路上，我们依然任重道远。

1988 年，邓小平提出"科学技术是第一生产力"，那么，科学技术在核桃种植方面也要发挥其第一生产力的作用，产业发展遇到的瓶颈问题需要向科学寻找答案。关键技术的突破对产业的发展具有重要的影响，多年来各科研单位选育引进的核桃优良品种支撑了核桃产业的发展，20 世纪 90 年代后期核桃方块芽接技术的突破极大地促进了核桃良种的推广和产业的迅猛发展。到了 21 世纪，包括土肥水、病虫害、整形修剪、花果管理等在内的标准化栽培管理技术的广泛应用推动了核桃产业的进一步发展。

农民是农业生产的主体，科学技术必须与生产相结合才能发挥科学技术第一生产力的作用，因而必须让农民掌握科学技术，而实现科学技术与生产相结合的最有效途径就是进行技术培训。每年都有许许多多的科技工作者活跃在三农服务的第一线，这些人为农业现代化的发展做出了巨大贡献。编者团队也常年服务于山西的太行山、吕梁山等地，10 多年的时间编者团队走过了石楼、孝义、汾阳、黎城、盂县、古县等 30 多个县（市）。2015 年以来在山西省科技厅"三区人才"计划项目的支持下，编者团队重点服务了柳林、乡宁、左权、和顺等核桃大县，得到了当地农民的认可。

书是死的，树是活的，要学习并掌握书中的管理技术，是要付出一番辛苦的。本书以问答的形式介绍了核桃生产各个环节的技术，使读者可以根据自己遇到的问题有针对性地找出答案，为了让书活起来，我们在用文字描述的同时，借用现代信息技术，通过图片、视频等多种表现形式让技术更直观地呈现在读者面前。希望读者能够喜欢"手机扫一扫，码上学技术"的形式。

参加本书编写的还有柳林县农机服务中心李彦平、山西农业大学刘亚令、平定县生产力促进中心高新明、乡宁县林业局李朝、石楼县科学技术协会王冬丽、乡宁县生产力促进中心刘建华、乡宁县生产力促进中心荆明明、石楼县农业农村局杨丽文等，中国农业出版社黄宇编辑、李瑜编辑为本书的出版付出了很大的心血，在编写过程中还参考了许多的著作、文章、报告、技术培训资料等，在此一并致谢。

由于编者经历和见识所限，书中疏漏差错之处在所难免，恳请广大读者批评指正！

编　者

2022 年 1 月

视 频 目 录

目 录

前言

一、核桃产业概况

1. 何为核桃?

核桃又称胡桃、羌桃,为胡桃科胡桃属植物,是世界四大坚果之一。生产中常见的核桃有核桃属的普通核桃(彩图 1)、铁核桃、河北核桃等,以及山核桃属的山核桃、长山核桃等。国内核桃栽培历史悠久,许多地方都有数百年的核桃大树存在。核桃栽培范围广泛,已经形成许多成片的核桃人工林,它们发挥着水土保持、涵养水源等作用。核桃规模化栽培取得重大突破,在国家《林草产业发展规划(2021—2025 年)》中,核桃被列为重点扶持发展的经济林树种。

2. 核桃是如何起源的?

苏联植物育种学家和遗传学家瓦维洛夫认为,核桃的起源中心有3 个:一是中国的东部和中部;二是中亚的印度西北部、阿富汗、塔吉克斯坦、乌兹别克斯坦和天山西部;三是外高加索地区和伊朗。我国果树学家孙云蔚则认为核桃原产于伊朗、小亚细亚以及我国新疆一带,张宇和认为核桃原产地是欧洲东南部到西亚波斯地区。了解核桃的原产地情况对核桃栽培管理措施的选用有很大的帮助。

3. 世界核桃的分布是怎样的?

核桃分布范围广,世界各大洲均有自然分布或种植。亚洲主要分布在中国、印度、阿富汗、伊朗、土耳其、朝鲜、韩国、日本、乌兹别克斯坦、吉尔吉斯斯坦、土库曼斯坦、格鲁吉亚、阿塞拜疆及亚美尼亚等国家;欧洲从巴尔干半岛的希腊、保加利亚、罗马尼

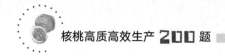

亚及其邻近的捷克、斯洛伐克、匈牙利、波兰、奥地利，向北到德国、法国、意大利、瑞士、比利时及西班牙等，向东则有俄罗斯、白俄罗斯、乌克兰及摩尔多瓦等国家均有栽培；北美洲主要分布在美国和墨西哥，南美洲的阿根廷核桃种植较多，巴西、智利的栽培面积较小；大洋洲的澳大利亚、新西兰均有栽培；非洲只有摩洛哥有核桃生产。

4. 世界核桃产业概况如何？

依据联合国粮食及农业组织（FAO）数据库资料显示，2014年世界核桃收获面积达到99.47万公顷，亚洲、北美洲、欧洲和南美洲四大核桃主要产区收获面积占世界的98.07%。其中，亚洲核桃收获面积为63.36万公顷，约占世界收获总面积的63.70%，是世界核桃种植面积最大的地区，也是世界核桃产业增长最快的地区，收获面积由2004年的36.85万公顷增长到2014年的63.36万公顷，增长了72%。中国、伊朗、土耳其、印度是亚洲最主要的核桃种植区，收获面积均在3万公顷以上。北美洲是世界第二大核桃种植区，2014年核桃收获面积为19.27万公顷，占世界总收获面积的19.37%，美国和墨西哥是北美洲核桃的主要种植区，2004—2014年北美洲核桃收获面积增长了40%。欧洲是世界核桃第三大种植区，2014年核桃收获面积为11.67万公顷，约占世界核桃收获总面积的11.73%，法国、罗马尼亚、摩尔多瓦、乌克兰、希腊等国家是欧洲核桃的主要种植区。2004—2014年，欧洲核桃种植和收获面积基本持平，其中欧洲核桃主产国乌克兰、罗马尼亚收获面积有所减少。南美洲、非洲、大洋洲核桃种植和收获面积较小，总收获面积约为5万公顷，仅为世界核桃收获总面积的5.03%左右。除南美洲的智利收获面积较大外（2.44万公顷），其余7个国家的收获面积均不足1万公顷。但从增长趋势看，南美洲核桃产业增长速度仅次于亚洲，过去10年增长了1.22倍，年增长率达8.29%。

5. 中国核桃的分布状况及产业现状如何？

核桃是我国经济林中分布最广泛的树种之一。东至辽宁丹东市，西至新疆塔什库尔干塔吉克自治县，南至云南勐腊县，北至新疆博乐市，除黑龙江、上海、广东、海南等省份外，其他 28 个省份均有栽培，垂直分布海拔高差达 4 000 多米。主产区为山西、河北、陕西、甘肃、辽宁、云南、四川、山东、新疆等省份。

我国核桃栽植面积和总产量已居世界第一位，2018 年栽植面积1.1 亿亩[①]，产量 326.87 万吨，近年来核桃产业整体供大于求，市场价格下跌，农民收益降低。我国核桃生产中品种繁多，但良种率低，缺乏专用品种，生产中品种混栽、混杂现象明显，一个核桃园有多个品种，甚至不知道是什么品种，实生树仍然占很大比例。核桃的大规模发展依赖着退耕还林的实施，许多核桃园栽植在土壤、立地条件都很差的山区，导致后期管理成本增加、核桃园抗拒自然灾害的能力差、单产低。在广大的农村，农民种植结构比较复杂，很少有人钻研核桃管理技术，使得许多核桃园处于放任管理的状态，或仅有简单的管理，特别是修剪、病虫害等方面的管理微乎其微。随着人们生活水平的提高，核桃的消费也在不断增加，据统计 2016 年人均年消费量达到 1.8 千克，同时人们对核桃商品质量的要求也越来越高，质量好的核桃市场价格依然坚挺，而品种混杂、壳厚等质量差的核桃则难以销售。因而不断推进核桃栽培良种化、良种区域化、良种主栽化，提高品种纯度、实现品种化栽培和品种化销售是今后核桃产业发展的方向。

6. "中国核桃之乡"都有什么地方?

"中国核桃之乡"最初由农业部、国家林业局组织评审，现由中国经济林协会组织评审，自 2000 年开始，共有 43 个县（市、区）被评为"中国核桃之乡"，分别为：甘肃的成县和康县，贵州的赫章县，河北的涞源县、涉县、平山县、临城县和赞皇县，河南的卢氏县和内乡县，辽宁的建昌县，山东的东平县、历城区、泗水县和汶上县，山西的汾阳市、古县、左权县、黎城县、灵石县和盂县，重庆的城口县，陕西的洛南县、黄龙县、镇坪县、临渭区、陇县、麟游县和宜君

---

① 亩为非法定计量单位，1 亩＝1/15 公顷。——编者注

县，四川的南江县，新疆的和田县、叶城县和乌什县，云南的昌宁县、漾濞县、楚雄市、大姚县、南华县、昌宁县、凤庆县、会泽县和鲁甸县，湖北的房县。另外，浙江省杭州市临安区和淳安县、安徽省宁国市被评为"中国山核桃之乡"。云南省大理白族自治州被评为"中国核桃第一州"，陕西省商洛市被评为"中国核桃之都"，河北省临城县被评为"中国薄皮核桃之乡"。

7. 核桃的营养成分有哪些？

核桃仁营养丰富，经测定发现每100克核桃仁中含脂肪63～70克、蛋白质14.6～19克、碳水化合物5.4～10克、磷280毫克、钙85毫克、钾3毫克、铁2.6毫克，此外，还含有维生素A、维生素B_1（硫胺素）、维生素B_2（核黄素）、维生素B_3（尼克酸）、维生素E（生育酚）、维生素K（凝血维生素）及少量的锌、锰、硒等矿质元素，因此，核桃有"养生之宝"的美誉。核桃仁的脂肪酸中有90%为不饱和脂肪酸，其中亚油酸的含量高达63.0%，为菜籽油的3～4倍，人体所必需的脂肪酸α-亚麻酸的含量为9.0%。此外，核桃仁富含磷脂且不含胆固醇，是天然的"脑黄金"。

8. 核桃药用价值有哪些？

核桃仁被列入《中华人民共和国药典》，是传统的中药材，此外核桃内种皮、青皮、枝叶等也有一定的药用价值。

（1）核桃仁。 中医认为核桃仁对内科、外科、妇科、儿科、泌尿科、皮肤科等的几十种疾病均有一定治疗功效。内服可治肾亏腰疼、肺虚久咳、大便秘结、痢疾等症，并对人脑有益，除益智外，还可辅助治疗神经衰弱，外用可治冻疮、腋臭等皮肤病。

（2）核桃内种皮。 核桃内种皮是核桃仁外的一层薄膜，味略苦涩，一般在鲜食和加工时将其去除。内种皮含有较高的矿质元素、维生素和多酚类物质，是核桃酚的主要来源，且部分酚类仅存在于核桃内种皮中。这些多酚类化合物可有效清除超氧阴离子自由基，有延缓衰老的功效。

（3）核桃青皮。 核桃青皮，中医又称"青龙衣"，含有胡桃醌、鞣酸、没食子酸和萘醌等，具有止痛作用。

（4）核桃枝叶。核桃枝叶中除了含有大量的维生素 C、B 族维生素、维生素 E、胡萝卜素外，还含有香精油、鞣酸、胡桃醌、胰岛素多糖、多酚类化合物及黄酮类物质等，有解毒、消肿的作用。

（5）果核内的木质隔膜。习惯称之为"分心木"，性味：苦、涩、平。归脾经、肾经。用于遗精滑泄，尿频遗尿，崩漏，带下，泄泻，痢疾。

9. 核桃有哪些生态价值？

核桃除经济价值较高外，还具有很好的生态价值。

（1）调节气候。核桃树体高大、枝繁叶茂，对所生存的小环境具有独特的改良效果，使气候可以呈现湿润、洁净的特点，其对于气候的改善主要体现在光、温、湿、气等气候因子上。核桃庞大的树冠可以吸收和反射一部分太阳辐射，减少地面增温，减少地面的直射光，增加散射光；减弱吹过地面的风速，降低空气流量，保温、保湿、降低土壤风化；带来充足的氧气，吸收更多的二氧化碳，净化周围环境；阻挡雨水的降落，使空气更加湿润。

（2）保持土壤，涵养水源。核桃具有庞大的地下根系，这对保护水土和涵养水源具有很大的作用。一般 1 株 10 年生左右的核桃树的根可长到 3 米长，根幅为树冠的 2～3 倍，庞大的树根对土壤具有很强的黏附和固着作用，从而能很好地保持水土。同时由于核桃树冠对于降水的留存作用，再结合核桃树根能够在土壤中保存大量的降水，所以有"一片核桃林一股泉"的说法。核桃林对山区的水土流失、泥石流等灾害具有较大的缓解作用。

（3）影响生物因子。核桃林形成后，会改善周围的生态环境。新的环境非常适宜生物的生存，从而极大地改善生态平衡，增加生物多样性，形成更加稳定的生态系统。高大的树冠可以吸引众多鸟类，成熟的核桃可以吸引松鼠等啮齿类动物。核桃树周围的环境较为湿润，非常适宜木耳等菌类生长。核桃树落下的树叶又为土壤提供了丰富的养分，从而能够吸引一些地下动植物。可以说核桃林就

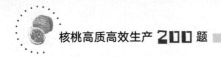

是一个小型生态圈，对周边整个生态环境的稳定起着重要作用。

10. 核桃如何实现高质高效生产？

我国核桃产业的发展，几乎是建立在量的提升上的，多年来通过扩大栽培面积，我国成为了世界核桃生产大国，下一步核桃产业的发展就需要在质的方面下功夫。一方面在品种上下功夫，做好优良品种的区划工作，适地适栽，通过高接换优等技术提高核桃园品种纯度，改变品种混杂的局面。另一方面在栽培技术上下功夫，加强土肥水、病虫害、整形修剪等标准化技术的推广应用，提高整体的管理水平，从而提高单位面积产量，提高经济效益，确保高质高效生产。

二、核桃栽植建园

11. 核桃优良品种有哪些特征？

核桃优良品种的特征是：结实早，壳薄，果实近圆形，外壳颜色呈光亮的淡黄色，种皮淡黄色或琥珀色（彩图2）；整仁或半仁易取出；出仁率高，在60%～70%；口味好，产量高，抗晚霜能力强。

12. 核桃如何根据核壳厚度分类？

核桃种壳厚度差异很大，按种壳厚度分为露仁核桃、纸壳核桃、薄壳核桃、厚壳核桃等。露仁核桃壳厚1.0毫米以下，核壳发育不全并有不规则的孔洞，部分种仁外露；纸壳核桃壳厚1.0毫米以下，壳面光滑，内褶壁膜质或退化，横隔窄、膜质或退化，易取整仁；薄壳核桃壳厚1.1～1.5毫米，内褶壁革质或膜质，横隔窄、革质，可取半仁或整仁；厚壳核桃壳厚1.6毫米以上，内褶壁骨质或革质，横隔宽、骨质，可取碎仁。生产中品种选择以纸壳核桃和薄壳核桃为主。

13. 核桃如何根据结实早晚分类？

核桃按实生苗结实早晚可分为早实核桃和晚实核桃两个类型。早实核桃种子播种后2～3年或嫁接后1～2年即可开花结果，晚实核桃种子播种后6～10年或嫁接后3～5年开始开花结果。早实核桃是目前生产中发展的主要品种类型，但要注意早实核桃的抗逆性比晚实核桃要差一些，在生态和土壤条件较差的地方应以发展晚实核桃为主。

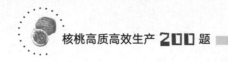

14. 核桃如何根据成熟期早晚分类？

核桃按果实成熟期早晚分为早熟品种（8月底）、中熟品种（9月上旬）和晚熟品种（9月中旬）。生产中大部分的核桃品种在9月上旬至中旬成熟，生产中有"白露打核桃"的习惯；有的地方会推迟到"秋分打核桃"，这时核桃果实成熟度高，核仁饱满，品质佳；有的地方也会在处暑时采收，这时采收的核桃脂肪转化不完全，只适合鲜食，不能制干或长期保存。

15. 优良早实核桃品种有哪些？

近年来，各科研单位选育的品种以早实核桃为主，主要有：辽宁1号、香玲、鲁光、绿岭、晋丰、绿波、中林5号、薄丰、晋香、北京861、温185、寒丰、薄壳香、中林1号、中林3号、扎343、西扶1号、西林1号、西林2号和元丰等。不同品种的生态适应范围不同，栽植时可结合市场需要，根据当地的环境条件选择合适的品种。

16. 优良晚实核桃品种有哪些？

晚实核桃栽植后结果较晚，但其抗性强，干旱山区应考虑以晚实品种为主。生产中的晚实核桃品种有：礼品1号、礼品2号、晋薄1号、晋薄2号、晋薄3号、晋龙1号、晋龙2号、清香和西洛1号等。

17. 辽宁1号核桃有何特征？

该品种是辽宁省经济林研究所通过河北昌黎大薄皮（晚实）优株10103×新疆纸皮核桃的早实单株11001杂交育成的。其坚果圆形，果基平或圆，果顶略呈肩形。壳面较光滑，色浅，缝合线微隆起，结合紧密。坚果平均单果重12.6克，壳厚0.9毫米左右，内褶壁退化，可取整仁。果仁平均重7.66克，出仁率60.8％。核仁充实饱满，黄白色，风味佳。树势强壮，树姿直立或半开张，分枝力强，枝条粗壮。丰产性强，侧芽混合芽比例90％以上，坐果率60％以上，多双果或三果，五年生植株最高株产5.1千克。雄先型核桃树，坚果

8月底至9月初成熟。该品种丰产性和适应性强，喜肥喜水，抗病性强，坚果品质优良。适合在土、肥、水条件较好的平地、缓坡地栽植。

18. 香玲核桃有何特征？

香玲核桃是山东省果树研究所杂交培育的早实核桃优良品种。其坚果卵圆形，壳面光滑美观，商品性好，缝合线紧密，平均单果重12.9克。壳厚0.9毫米，有"纸皮核桃"之称。取仁极易，可取整仁，出仁率61.2%。种仁饱满，含脂肪65.58%、蛋白质21.63%，味香，品质上等。内种皮淡黄色，无涩味。树势中庸，树姿直立，树冠圆形，分枝力强，每个母枝平均抽生新枝4~5个，平均长度为10厘米左右。枝较粗，有二次生长现象，在栽培条件较好的情况下，二次枝生长量可达80厘米以上。果枝率达86.7%，侧生枝果枝率为85.9%。以中短果枝结果为主，每果枝平均坐果1~3个，丰产性好。在山东费县4月1—10日萌芽展叶；4月24—29日雄花盛期，花期3~6天；5月2—8日雌花盛期，花期4~5天，雌、雄花开花时间相差3~8天；5月下旬至6月底为果实快速膨大期；7月中旬为硬核期；8月下旬至9月中旬为果实成熟期；9月下旬为果实采收期；10月中下旬开始落叶。

19. 绿岭核桃有何特征？

绿岭核桃坚果卵圆形，浅黄色，三径（纵径、横径及侧径）平均为3.42厘米，平均单果重12.8克。壳厚0.8毫米，均匀不露仁，缝合线平滑而不突出，果面光滑美观，用手轻轻一捏即可剥开；内种皮淡黄色，无涩味，种仁饱满，味浓香。出仁率67%以上，果仁颜色浅黄，营养丰富，脂肪含量67%、蛋白质含量22%。生长旺盛，发枝力强。为雄先型品种，以中短果枝结果为主，侧芽结果率为83.2%。早实、丰产，栽植翌年可结果。5年进入盛果期，平均株产5千克。抗逆性与抗病性、抗寒性均强，耐旱；对褐斑病和炭疽病具有较强的抗性。果实成熟期为9月初，比香玲晚3~5天，果实生育期110~120天。

20. 温 185 核桃有何特征？

温 185 核桃为雌先型，早实品种。坚果中等大，平均单果重 11.2 克，最大 14.2 克，三径平均 3.4 厘米，壳面光滑美观，壳厚 1.09 毫米，偶尔有露仁果，缝合线较松，可取整仁，出仁率 58.8%，仁色浅，风味香，品质上等。

21. 薄壳香核桃有何特征？

薄壳香核桃坚果长圆形，果基圆，果顶微凹，平均单果重 12 克。壳面较光滑，有小麻点，颜色较深；缝合线较窄而平，结合紧密，易取整仁。种仁充实饱满，味香而不涩。较耐旱，抗霜冻，抗病性也较强。

22. 中林 3 号核桃有何特征？

中林 3 号核桃为雌先型，中熟品种。坚果椭圆形，壳面较光滑，易取整仁。种仁充实饱满，乳黄色，品质上等。该品种适应性强，丰产性极强，由于树势较旺，生长快，也可作为农田防护林的材果兼用树种。

23. 寒丰核桃有何特征？

寒丰核桃为雌先型，坚果长椭圆形，为中大果型。种仁较充实饱满，黄白色，味略苦，可取整仁。当年栽苗可当年结果，不择土壤。该品种抗寒性强，可在辽宁绥中一带安全越冬。花期晚，可避开春季晚霜危害。主要缺点是坚果出仁率略低，外形美观度稍差。

24. 礼品 1 号核桃有何特征？

礼品 1 号核桃由辽宁省经济林研究所通过实生选种育成。树势较强，树姿开张，树冠半圆形，雄先型，晚熟品种。坚果中等偏大，平均单果重 9.7 克。坚果长圆形，缝合线平，果形美观整齐，壳极薄。取仁极易，可取整仁。果仁味油香。

25. 礼品 2 号核桃有何特征？

礼品 2 号核桃坚果大，长圆形，壳面光滑，色浅，缝合线窄而平，结合较紧密，易取整仁。核仁充实饱满、色浅。具有丰产、抗病、抗寒、坚果外表美观等特点。

26. 晋龙 1 号核桃有何特征？

晋龙 1 号核桃为雄先型，坚果近圆形，果基微凹，果顶平；壳面较光滑，有小麻点，色较浅，缝合线窄而平，结合紧密，壳厚 1.1 毫米，易取整仁；出仁率 61% 左右，核仁色浅味香，充实饱满。该品种抗逆性较强，较抗晚霜，适宜在华北、西北地区栽培。

27. 晋龙 2 号核桃有何特征？

晋龙 2 号核桃属雄先型，中熟品种，坚果较大，圆形，缝合线紧、平、窄，壳面光滑美观，壳厚 1.22 毫米；可取整仁，出仁率 56.7%，仁色中，饱满，风味香甜，品质上等。在通风、干燥、冷凉的地方可贮藏 1 年品质不变。抗寒、抗晚霜、耐旱、抗病性强。在顶端花芽受冻的情况下，侧花芽还能形成果实，连年结果，丰产性特强。

28. 清香核桃有何特征？

清香核桃属晚实类型中结果早、丰产性强的品种。树体中等大小，树姿半开张，幼树时生长较旺，结果后树势稳定。清香核桃外形美观。坚果较大，平均单果重 12.4 克，近圆锥形，大小均匀，壳皮光滑淡褐色，壳厚 1.2 毫米，缝合线紧密。种仁品质优良。内褶壁退化，取仁容易，出仁率 52%～53%。从栽培性状上说该品种结果早、丰产性强，生长势健壮，适应性广泛，连续结果能力较强，大小年现象不明显，经济结果寿命较长。从抗病性方面说，清香核桃是目前北方核桃品种当中最抗病的核桃优良品种。从坚果商品性方面说，该品种美观端正、果面光滑、外壳薄厚适中、种仁饱满、颜色浅、涩味轻、口感好、不易变味。缝合线隆起结合紧密，无漏仁现象，不易破

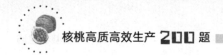

损，适于机械采收、脱青皮，易于清洗耐贮运，也适宜机械化取仁。

29. 元林核桃有何特征？

元林核桃树姿直立或半开张，生长势强，树冠呈自然半圆形，枝条平均长度为 23.76 厘米，粗度为 0.86 厘米，节间长度为 3.64 厘米，侧生混合芽率为 85% 左右，以中果枝、短果枝结果为主，以双果、三果为主，多者坐果可达 8 个，坐果率为 60%～70%，结果母枝连续结果能力较强，可连续 4 年结果。果实黄绿色，长椭圆形，果点较密，果面有茸毛，青皮厚度约 0.4 厘米，青皮成熟后容易脱落。坚果长圆形，纵径 4.25 厘米，横径 3.6 厘米，侧径 3.42 厘米，平均单果重 16.84 克，每千克 60 个左右，属大型果。壳面刻沟较浅，较光滑美观，浅黄色；缝合线略窄而平，结合紧密；壳厚 1.26 毫米左右；内褶壁退化，易取整仁；核仁充实饱满，果仁平均重 9.35 克，出仁率 55.42% 左右，脂肪含量为 63.3%，蛋白质含量为 18.25%，味香微涩。果实成熟期 8 月。元林核桃品种较香玲核桃晚发芽 5～7 天，可避过晚霜危害。

30. 什么是"文玩核桃"？

文玩核桃也称"玩核桃"，是对核桃进行特型、特色的选择和加工后形成的有收藏价值的核桃。经常把玩文玩核桃能疏通经络、协调阴阳、畅通气血、加快血液循环、强健心肺，是强身健体的好方法。文玩核桃可分为麻核桃、铁核桃、核桃楸三大类。麻核桃中有狮子头、虎头、罗汉头、鸡心、公子帽、官帽等，在文玩核桃的众多类型中麻核桃属于高档次种类。文玩核桃前几年市场需求较大，近年来由于栽培面积增加，它的市场需求逐渐平缓。

31. 什么是红核桃？

红核桃也称"红瓤核桃""红皮核桃""红衣核桃"等，原产于伊朗科尔曼、库尔德斯地区，近年刚进入我国，种皮呈红色，还没有大量发展。红核桃具有抗瘠薄、抗寒、极耐干旱、抗风沙、根系发达、生命力极强健的特点。

32. 什么是黑核桃？

黑核桃为胡桃科胡桃属黑核桃组植物，美国黑核桃天然分布在加利福尼亚州北部，为美国栽培核桃的主要砧木种类，具有抗根系腐烂病的特性，是世界上公认的最佳硬阔材树种之一。我国于 1984 年开始引种，目前栽培较少。

33. 什么是山核桃？

山核桃是胡桃科山核桃属植物，主要产于浙、皖交界的天目山区、昌北区及横路乡。山核桃树适于气候温暖湿润、年平均气温15.2℃的地区，能承受的最高气温为 41.7℃，相对耐寒，开花期低温会影响开花、授粉和花的发育。山核桃需水量大，一年中不同季节需水量不同。一般来说，在开花前需要适量的雨水。在 4 月下旬至 5 月中旬的开花期，不允许连续降水。6—9 月果实发育期，需要充足的水分。山核桃对光线要求不高，早期需要凉爽的环境，因此，山核桃幼苗必须进行人工遮阳。成年树在阳光充足和贫瘠的山坡上生长不好。喜松散腐殖质富钙质片岩风化形成的砾质壤土，以山地黄壤土和黄壤上发育的油黑土为最佳。山核桃含有丰富的植物油，一般出仁率为 43.7%～49.2%，种仁含油率高达 69.8%～74.01%，蛋白质含量 18.3 克。山核桃以炒食为主，经过加工炒制成椒盐山核桃或糖山核桃仁，松脆芳香，独具风味。此外，山核桃是化工、医药和轻工业的原料，未来其用途和前景会越来越广泛。

34. 什么是碧根果？

碧根果即薄壳山核桃，也称美国山核桃或长山核桃，是胡桃科山核桃属植物。它原产于美国和墨西哥北部，现以美国为中心产区，分布于世界 5 大洲的 20 个以上国家和地区，包括美国、加拿大、墨西哥、巴西、阿根廷、秘鲁、意大利、法国、澳大利亚、埃及、南非、以色列、日本、中国等地。碧根果是世界著名的干果树种，它既是果用、油用、材用树种，又是庭园绿化树种。碧根果为大乔木，高可达

50米，胸径可达2米，树皮粗糙，深纵裂。果实矩圆状或长椭圆形，长3～5厘米，直径2.2厘米左右，有4条纵棱；外果皮4瓣裂，革质；内果皮平滑，灰褐色，有暗褐色斑点，顶端有黑色条纹；基部不完全2室。5月开花，9—11月果实成熟。

35. 什么是鲜核桃？

鲜核桃也称青皮核桃，即在8月底至9月初采摘的带青皮的核桃，其脂肪含量较低，有一种特殊的清香味，许多人喜欢食用。近年来越来越多的人为"尝鲜"，专门食用青皮核桃，但青皮核桃难以保存，食用期短，可在冰箱、冷库冷藏以延长其贮藏期。现在也有人以此为育种方向，选育适合鲜食、青皮酚类物质含量低的品种，也有人专门研究如何延长鲜核桃的保存期。

36. 核桃适宜在什么生态条件下生长？

核桃栽植建园时要综合考虑园地的生态条件，尽量满足核桃生长的各项条件，如温度、光照、土壤、坡度、坡向等，避免因生态因子不适宜而造成核桃不能正常生长或开花结果。

(1) 温度。核桃为喜温树种，普通核桃产区适宜生长的气候条件为年平均气温9～16℃，无霜期150～220天，极端最低温−25～−2℃，极端最高温35～38℃。

(2) 光照。核桃属于喜光树种，全年日照时数要求达到2 000小时以上，低于1 000小时则导致核壳、核仁均发育不良。

(3) 土层厚度。核桃为深根性树种，一般要求土层深厚，核桃适宜的土层厚度应在1米以上，可保证其良好的生长发育。

(4) 土壤质地。核桃对土壤的适应性较强，最适于在土质疏松和排水良好的沙壤土和壤土上生长，在黏重板结的土壤或过于瘠薄的沙地上生长发育较差。

(5) 土壤pH。核桃适宜的土壤pH范围为6.2～8.2，最适pH范围为6.5～7.5，即在中性或微酸性土壤上生长最好。

(6) 土壤盐碱。核桃树耐盐碱能力差，能耐含盐量0.25%的轻度盐碱，当土壤总盐量达0.25%～0.3%时，容易生长不良；当超过

0.3%时，核桃树会出现盐害，其中氯酸盐比硫酸盐危害更大。

（7）地下水。 种植核桃树的地块，地下水位应在2米以下，地下水位过高会造成核桃根系呼吸受阻、窒息、腐烂，甚至死亡。

（8）坡度。 种植核桃的地块坡度在10°以下为宜，以平地或丘陵地为好。坡度大时应修筑梯田。黄土高原的一些地方核桃建园坡度过大，且没有对土地进行修整，导致建园后管理困难，水土流失严重，产量不高，经济效益低下。

（9）坡向。 核桃适于生长在背风向阳处，在阳坡的生长情况比半阳坡和阴坡好。

（10）地形。 栽植核桃尽量避开洼地，洼地容易积聚冷空气，易受晚霜危害。山坡基部土壤深厚，水分状况良好，比山坡中部和上部生长结果好。

（11）水分。 核桃耐干燥的空气，但对土壤水分状况比较敏感。一方面，土壤干旱会影响根系的吸收能力、树体的光合作用和新陈代谢过程。另一方面，核桃不耐水淹，土壤水分过多或长期积水会造成土壤通气不良，根系会因氧气不足而腐烂，吸收根减少，从而影响地上部的生长发育。秋季降雨多时会引起青皮早裂、坚果变褐；核桃抗旱能力较强，但充足的水分供应是树体生长的必要条件。山地核桃园应加强水土保持工程建设，增加土壤水分含量。栽植地点要求有水源并设置排灌系统，达到干旱时能够及时灌水、遇涝时能够及时排水。灌溉水总盐量大于0.1%或含有有毒物质如汞、氟等地域不宜建园；新疆早实核桃由于长期适应当地的干燥气候，对水分的需求量不太高，若引种到年降水量600毫米以上的地区，容易染病。

（12）风。 核桃是风媒花，借风力传播花粉，3~4级的和风有利于散粉，能增强授粉效果。但春、夏季大风沙尘天气，对核桃生长发育极为不利，冬、春季节大风会加剧核桃抽条现象的发生。

（13）海拔。 北方地区核桃主要栽培在海拔1000米以下的地区，秦岭以南栽培在海拔500~1500米，陕西洛南地区栽培在海拔700~1000米的核桃生长良好，辽宁西南部核桃栽培在海拔500米以下的地区。

37. 如何进行核桃品种区划？

我国幅员辽阔，适宜栽植核桃的地域很广，各地在栽植建园时要依据立地条件选择适宜的核桃品种，以获得更好的经济效益。在具体建园时，以一个品种为主栽品种，配2～3个授粉品种，切忌多个品种混栽，更忌讳栽植管理者对栽植的品种一问三不知。

(1) 平川区。交通、气候、土壤、灌溉条件较好，可建集约化栽培核桃园，容易获得较高的经济效益。可选择鲁光、丰辉、香玲、中林1号、中林3号、薄丰、薄壳香和扎343等品种。

(2) 低山丘陵区。各种条件较平川区差，但昼夜温差大，通风和光照条件好，有利于提高果实品质。可选择辽宁1号、辽宁3号、辽宁4号、中林5号、西扶1号、陕核1号和陕核2号等。

(3) 中山丘陵区。海拔在1 200米以上，坡度在20°以上，土壤有机质含量在0.8%以下，无霜期160天左右。可选择晚实品种，如晋龙1号、晋龙2号、清香、西洛1号、西洛2号、礼品1号、礼品2号等。密度不宜过大，适合林粮间作栽培。

38. 如何进行核桃嫁接育苗？

核桃嫁接苗一般要2年培育而成，第一年春季播种培育实生砧木（彩图3、彩图4），夏末秋初进行断根处理，以增加侧根数量，冬季埋土或覆土防寒。翌年春季萌芽前齐地面平茬，在5月底至6月中旬用方块芽接法嫁接优良品种，嫁接的同时在嫁接口以上留2片叶摘心，抑制营养生长，有利于成活。嫁接后7～10天检查成活情况，嫁接成活的在接口上0.5厘米处剪砧，促使接芽萌发，到秋季可以成苗。入冬之前挖出，直接栽植或埋入沙土中保存至翌年春季栽植。

39. 我国常用核桃砧木有哪些？

我国核桃砧木主要有7个种类，如核桃、铁核桃、野核桃、核桃楸等。不同砧木嫁接成活率不同，适应性也不同，需要根据生态条件选择合适的砧木。

(1) 核桃。胡桃科胡桃属。用核桃做砧木嫁接核桃，也称共砧或本砧，其嫁接亲和力强，成活率高，生长和结果良好。这种砧木在国外还有抗黑线病的报道，目前被我国北方地区普遍采用。应注意种子来源尽可能一致，以免后代个体差异太大，影响嫁接品种的生长和结果。

（2）铁核桃。亦称夹核桃、坚核桃或硬壳核桃，它与泡核桃是同一个种的两个类型，主要分布在我国西南各省份。坚果小，壳厚而硬，出仁率低，为 20%～30%，商品价值也低。它是泡核桃、娘青核桃、三台核桃、大白壳核桃和细香核桃等优良品种的良好砧木，在我国云南、贵州等地应用较多，应用历史也很久。

（3）野核桃。胡桃科胡桃属。主要分布于江苏、湖北、云南、四川和甘肃等省份，并被当地用作核桃砧木。适于山地和丘陵地区生长。

（4）核桃楸。胡桃科胡桃属植物，又称楸子、山核桃。主要分布于我国东北和华北各地。耐寒，耐旱，耐瘠薄，是胡桃属中最耐寒的一个种，适于北方各省份栽植。从栽植情况看，核桃楸在生产上用作砧木还存在一些问题，如嫁接成活率和保存率均不如核桃本砧高，大树高接时易出现"小脚"现象，等等。

40. 核桃种子如何进行播种前处理？

秋播和湿沙贮藏的种子一般不需处理，春季播种的干种子应在播前经过处理才能发芽（彩图 5）。具体处理方法如下。

（1）冷水浸种。用冷水浸泡 7～10 天，每天换水 1 次，或将盛有核桃种子的麻袋放在流水中，使其吸水膨胀裂口，即可播种。

（2）冷浸日晒。将冷水浸泡过的种子置于日光下曝晒，待大部分种子裂口，即可播种。

（3）温水浸种。将种子放入 80℃温水缸中，随即用木棍搅拌，使其自然降至常温后，浸泡 8～10 天，每天换水，种子膨胀裂口后，捞出播种。

（4）石灰水浸种。据山西省汾阳市南偏城村的经验，把 50 千克核桃倒入 1.5 千克石灰和 10 千克水配成的溶液中，用石头压住核桃，然后加冷水，不需换水，浸泡 7～8 天后捞出在太阳下曝晒几个小时，

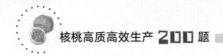

种子裂口后即可播种。此法在缺水地区可以试用。

（5）开水烫种。 将种子放入缸内，然后倒入种子量 1.5～2.0 倍的沸水，随即搅拌 2～3 分钟，捞出播种。也可搅拌到不烫手时加入凉水，浸泡数小时后捞出播种。此法可在播种前，时间紧迫时应用。多用于中壳、厚壳品种的种子，薄壳、露仁核桃不能用开水浸种。

41. 如何进行方块芽接？

方块芽接法嫁接成活率高，是 20 世纪 90 年代后期及以后应用最多的核桃嫁接方法（彩图 6）。具体操作方法如下：用当年的新梢做接穗，剪取接穗的同时将叶片剪掉，取接芽时用刀先将叶柄留 0.5 厘米左右削去；嫁接时在接芽上下各 1 厘米处平行横切一刀，在接芽叶柄两侧 0.5 厘米处各竖切一刀，与横切刀口相交呈“井”字形，用拇指和食指按住叶柄处快速横向剥离，取下一个长方形的芽片，注意要带上生长点（芽片内面芽基下凹处的一小块芽肉组织）；在砧木下部粗细合适的光滑部位横切一刀，在刀口之上平行横切一刀，两刀间距离与接芽长度相当，在其一侧竖切一刀，与上、下横刀口相连通，挑开皮层开“门”，放入接芽，一面紧靠竖刀口，依据接芽的横向宽度撕去砧木挑起的皮，注意去掉的皮要比接穗芽片稍微宽 1～2 毫米，以利于接芽和砧木形成层紧密结合；用地膜剪成 3 厘米宽的塑料条进行绑缚，注意将叶柄的断面包裹严实，露出芽点；最后用修枝剪将嫁接口以上的砧木留 2 片复叶剪去，控制砧木的营养生长，有利于接芽成活、萌发。

有些地方习惯用双刃刀进行方块芽接，操作方便，成活率高。可自行制作双刃芽接刀，取 2 段长 10 厘米左右的钢锯条用砂轮磨出刀刃，刃长 4 厘米；另找一根宽 4 厘米，厚约 1 厘米，长 10 厘米的小木条，用布条将锯条做成的刀绑缚在木条两侧即成，两刀刃相距 4 厘米。嫁接操作与单刃刀一样，只是横切两刀变成一次完成，且容易使砧木的切口与接穗芽片等长，可提高嫁接速度，提高成活率。

方块芽接时砧木的另一种切法是开“工”字形口，称为“工”字形芽接。接穗切法与方块形芽接相同，砧木先横切两刀，在两横切刀口的中间竖切一刀，将砧木的皮层向两边挑开，放入接芽，闭合皮层，用塑料条绑缚。“工”字形芽接不去掉多余的皮层，也称开门接。

日本有一种嫁接胶带，具有很强的延展性和黏着性，可拉长6倍，并可自动缩紧黏着，不需要打结捆绑。此嫁接胶带适用于各种嫁接方法，芽接时缠绕2圈，枝接时缠绕5圈即可，可提高嫁接速度。胶带缠后5个月可自行风化解体，可省去解绑的工序。国内也生产嫁接胶带，但质量有待提升。

42. 如何识别核桃嫁接苗？

正常的核桃嫁接苗要经过1次嫁接、2次剪砧，即育苗的翌年春季平茬剪1次，嫁接成活后再在接穗上方剪1次，因而形成了"三拐"苗，这是识别核桃嫁接苗的关键。嫁接部位一般会有膨大的愈伤组织，没有愈伤组织的不是嫁接苗。

假嫁接苗有两种：一种是在砧木的1个芽子周围用刀割四方形口，剪除芽子上方的枝条，让这个芽子萌发；另外一种是进行了正常的嫁接操作，但是所用的接芽是从砧木自身取下来的，不是优良品种，假嫁接苗的迷惑性大，很难识别。

非嫁接苗主要是嫁接未成活而混杂进嫁接苗里的。有些砧木苗比较弱，翌年平茬后生长粗度达不到嫁接要求，没有嫁接的苗木混杂在嫁接苗中一起出圃，只有"两拐"，部分非嫁接苗进行了两次平茬，也是"三拐"，但是没有嫁接口。

43. 核桃苗木标准是如何规定的？

核桃嫁接苗要求接合牢固，愈合良好，接口上下的苗茎粗度相近，苗茎要顺直，充分木质化，无抽梢、病虫害、机械损伤等（彩图7）。具体分级标准如下。

(1) 一级苗。 苗高60厘米以上，基径1.2厘米以上，主根保留长度大于20厘米，侧根条数多于15条。

(2) 二级苗。 苗高30～60厘米，基径1.0～1.2厘米，主根保留长度15～20厘米，侧根条数多于15条。

44. 核桃园选址有何要求？

建园是核桃生产的第一步，建园质量的好坏直接影响后期的生产效率和经济效益，因此，建园时要做好规划设计，包括园址选择、品种选择、株行距确定、树形选择等。要根据核桃树的生长发育特性，在适宜的栽培区域内按适地适树的原则选好栽培园地。适宜栽培核桃的气候条件是年平均气温在 8℃ 以上，极端最低气温在 −28℃ 以上，极端最高气温在 40℃ 以下；无霜期在 180 天以上，年降水量在 500～800 毫米，年日照时数在 2 000 小时以上；土层厚度在 1.5 米以上，土质肥沃、疏松、有机质含量高，保水、透气性良好，pH 6.5～7.5，地下水位在 2 米以下。山地、丘陵地选择阳坡或半阳坡的中下部，以坡度在 10°以下的缓坡地为好（彩图 8）。平地选择背风向阳、地下水位较低、排水良好的地方（彩图 9）。最好有灌溉水源、修建排灌设施，做到旱能灌、涝能排。要避开工业废气、污水和灰尘过多的地方，以免对核桃树及其产品造成不良影响。另外还需注意道路畅通，交通方便，有利于机械化作业，有利于产、供、销等经营活动。

视频 1　核桃园选址

45. 山地核桃建园有何要求?

在我国，核桃主要分布在山区和丘陵地带，山地建园时要改变传统的建园整地习惯，以土壤改良和保土蓄水为核心，加大工程措施，确保水肥充足。坡度在 5°～15°的缓坡地，应先修梯田，再挖大坑改良土壤，改良土壤时充分利用坡地的杂草和腐殖土。干旱、半干旱地区利用穴施水肥灌溉技术及覆草技术"增收节支"。降水量 1 000 毫米以上的湿润地区，整地需外高内低，便于排水，又要注意减少水土流失，最大可能减少根部积水，避免水涝发生。坡度在 16°～25°的坡地，修建梯田工程量过大，或由于地形较为复杂无法修筑，可沿等高线先修鱼鳞坑，在鱼鳞坑内栽树（彩图 10）。栽植后应逐步进行扩盘保水、土壤改良工作，最后修成复式梯田或水平阶梯式核桃园。

46. 核桃园的株行距如何确定?

核桃园的栽植密度要考虑品种、地势、建园模式等因素，一般早实品种宜密植（彩图 11），晚实品种宜稀植；平地宜密植，山地宜稀植；纯园宜密植，果粮间作宜稀植（彩图12）。为了提高早期收益，可以进行计划密植，计划密植时需注意授粉树的栽植，间伐后要保留适量的授粉品种。为了提高光能利用率一般应南北成行，山坡地采用等高栽植的方式。

平地核桃园选择早实类型的品种，行距4～5米，株距2～3米。早实类型的品种容易成花，只要树形选择适当、修剪及时，就容易获得早期丰产，且能维持较长的盛果期。高密度栽植要控制树冠大小，防止郁闭，后期郁闭时可间伐。

果粮间作时选择早实或晚实类型品种，行距6～8米，株距3～4米。早实品种的株距可小一些，晚实品种的株距要大一些。平地和山坡梯田地均可应用果粮间作的模式，在山地梯田栽植时还可仅在梯田边上或者靠近内侧栽植，一个台面一行，梯田内种植粮食作物、蔬菜或中药材等。

视频2 核桃园株行距的确定

山地核桃园选择晚实类型品种，在土层较薄、土质及肥力较差的山坡地可等高栽植，开等高壕，挖鱼鳞坑或做成小的台田栽植，行距8～9米，株距6～8米。

47. 核桃主栽品种如何选择？

一个地方该发展什么核桃品种，要综合考虑，最好是1～2个主栽品种，2～3个授粉品种，这样有利于提高核桃的商品性和市场竞争能力。品种纯度一定要高，要避免品种混杂。选择核桃品种时在考虑生态适应性的基础上，主要考虑以下因素。第一，结果早晚，生产中早实类型较受欢迎，一般立地条件好的地方可以发展早实核桃，但在一些栽培条件较差、管理粗放的地方应适当发展晚实核桃。第二，核壳厚度，以纸壳类和薄壳类为主，露仁类和厚壳类发展要控制。山区肥水条件较差时，纸皮类核桃容易出现露仁现象，这是需要注意的。核壳太薄或者缝合线松的在漂洗过程中容易进水，引起种仁发霉。厚壳类出仁率低，取仁困难，不受消费者欢迎，应尽量避免发展。第三，抗晚霜能力，核桃花期极不耐霜冻，晚霜危害往往是造成核桃减产甚至绝产的主要原因，在连年发生霜冻的地方要考虑选择抗晚霜能力强的品种。第四，丰产性，集约化密植栽培的核桃园每亩坚果产量应达到 200 千克以上，我国核桃在提高单产方面任重而道远。第五，取仁难易程度，纸壳和薄壳核桃取仁容易，但生产中还有许许多多 20 世纪 50 年代至 80 年代栽植的核桃，基本上属于实生繁殖的绵核桃类型，核壳较厚，取仁困难，如果有条件的要高接换优，更新品种。

48. 核桃授粉品种如何选择？

核桃雌雄同株异花，常有花期不一致的现象，称为"雌雄异熟"，分为"雌先型"和"雄先型"两个类型。研究表明雌雄同熟的坐果率和产量最高，雌先型次之，雄先型最低。生产中常见的雌先型品种有晋龙 1 号、礼品 2 号、中林 1 号、中林 5 号、陕核 1 号、西扶 2 号、温 185 等；雄先型品种有纸皮 1 号、礼品 1 号、鲁光、香玲、丰辉、辽宁 1 号、辽宁 3 号、辽宁 4 号、西扶 1 号、扎 343 等；雌雄同期的品种较少。由于雌、雄花盛花期相隔，同一品种雌、雄花不容易授粉，在品种选择上要注意雌先型品种和雄先型品种混合使用。

49. 核桃授粉品种如何配置？

在栽植前要清点苗木数量，安排好授粉品种。授粉品种的配置方式有中心式和行列式两种，为了便于管理，一般以行列式配置为宜。一般 1～3 行主栽品种配 1 行授粉品种，如果是两个授粉品种，可将授粉品种栽植在一起或分开栽植。考虑到地形和风向，授粉品种栽植时丘陵地在山坡上部多一些，下部少一些；春季主风向的上风处多一些，下风处少一些。如果新建园周围有比较多的老核桃树则可考虑适当少配一些授粉树。栽植时要由专人负责苗木的摆放，按照栽植计划将主栽品种和授粉品种分别放入定植坑中，其他人不能移动苗子的位置，否则易造成品种混乱，给以后的管理带来麻烦。栽植完成后要及时画定植图，存档留查。

50. 核桃园如何进行计划密植？

计划密植的核桃园一般选择早实类型品种，初期栽植行距 3 米、株距 2 米，树冠密闭后在行内间伐，隔 1 株去 1 株，变成东西行向，行距 4 米、株距 3 米，过几年后树冠继续扩大，郁闭后按原来的行向隔 1 行去 1 行，恢复南北行向，行距 6 米，株距 4 米。注意计划密植时要选定永久株和临时株并分别对待，永久株要培养有中心干的树形，临时株多结果，采用无中心干的开心树形，在幼年期永久株多疏果，适量少结果或不结果，而临时株可以在栽植后第二年就开始结果，多留果。注意间伐后要保留一定数量的授粉树。

51. 核桃苗的栽植时间如何确定？

核桃苗可春栽或秋栽，春季干旱的地方以秋栽为好，秋季栽植在苗木落叶之后至土壤上冻之前（10 月下旬—12 月上旬），栽后要埋土越冬，秋栽有足够的缓苗时间，翌年生长良好。有灌溉条件时可春栽，春栽在土壤解冻后至萌芽前（3 月下旬—4 月中旬），大面积栽植时将苗木保存在地窖、冷库中可延长春栽的时间至 5 月上旬，春栽能省去埋土和撤土的工程，以早栽为好，否则缓苗期长，当年生长慢。

52. 核桃栽植时如何挖坑？

定植前先按株行距定好点，按点挖坑，便于以后的管理。核桃根系较发达，伸展范围广，为了促进根系生长，一般要求挖长、宽、深均为 1 米的大坑。但近年来为了节约栽植成本，挖坑的直径一般在 80 厘米左右，如果是用挖坑机挖坑，常常为直径 60~80 厘米、深 80 厘米的圆形坑。人工挖坑时直径 1 米的土方是 1 米^3，而直径 80 厘米的坑，土方只有 0.512 米^3，直径 60 厘米的圆坑，土方仅仅为 0.216 米^3。挖坑时土方越小，疏松土壤的效果越差，有经验表明，挖大坑的苗木栽植后生长情况比小坑好。秋栽时可在 8—10 月挖坑，春栽在头年秋天挖坑，但是大多数的春栽都是现挖坑现栽树。人工挖坑时要求将表层熟土与下层生土分开放置。人工挖坑时尽量挖成上下一般大，但由于操作的问题常常挖成口大底小的"斗"形，以后深翻扩穴时不容易操作。机器挖坑成本低，效率高，但坑壁受到挤压，形成比较硬实的土层，根系难以穿透，影响树体的生长，常形成"小老树"，栽树后要及时深翻扩穴，促进根系生长。

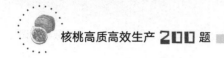

53. 核桃栽植时如何施肥？

栽植核桃时要在挖好的栽植坑内施肥，一般株施农家肥 25～50 千克，混入磷肥或复合肥 2.5 千克，坑底还可以压入 2.5～5 千克的秸秆、杂草等，注意秸秆的量不能太多，多了将来地表容易下陷。春季挖好坑直接栽树时将表土混合有机肥回填至距离地表 20 厘米左右处，边回填边踩实，然后再栽苗，俗称"深挖浅栽"，苗子根系周围的土不要施肥，防止烧根。秋季挖好坑后将表土混合有机肥回填，浇水沉实，心土不回填，而用行间的表土回填，最后将心土铺至行间，加速生土熟化。

54. 核桃栽植时如何进行操作？

栽植时要拉线栽树，以保证定植的苗木横平竖直，整齐划一。苗木栽植前要定好干（也有栽后定干的），在定干的剪口涂抹愈合剂防止失水，同时修整根系，将过长的、劈裂的以及受损伤的、腐烂的根系剪除，露出新茬。栽前浸水 12 小时以上，水中可加入生根粉，并蘸泥浆，以利苗木萌发新根。泥浆的配方：在地上挖一个土坑，留下虚土在坑内，加入适量的水，按说明书比例倒入生根粉或根宝，混合成能挂在根上的泥浆。注意栽植时苗木要放在阴凉的地方，并加以覆盖，不能在太阳下曝晒。如果是前一年秋季挖好且已经回填沉实的坑，栽植前再挖一浅坑，以能放下苗子的根系为度。栽苗时一人扶苗，将根系舒展后放入栽植穴内，使根系四向伸展，另一人回填土，并将苗子向上提一提，使根系舒展，边填土边用脚踩实，让根系与土壤充分接触。现挖坑栽植时根颈比地面高出 3～5 厘米，待灌水和土壤落实后，根颈与地表相平为宜，过深或过浅均不利于苗木生长。栽后要浇水，覆约 1 米^{2}的地膜，可保肥保水，提高地温，栽植成活率能达到 98％以上。生产中有的为了防止苗木丢失，常常栽植过深，有的把嫁接口埋入土中 20 厘米以上，这样不利于苗木生长。

55. 核桃树栽植后有哪些注意事项？

苗木栽植后要及时整理树盘、浇透水，让根系和土壤紧密接触有利于成活。栽后 3～5 天再灌 1 次水。春季栽植的苗木可在苗上套 1 个长塑料袋，塑料袋要把整棵苗木套住，并在下部用绳扎紧，以减少水分蒸发。对重截干的可在浇水后埋 1 个土堆，待发芽前后将土堆清理掉。秋冬栽植后可直接埋土越冬，埋土厚度一般为 20～30 厘米。

56. 核桃幼树如何进行越冬保护？

苗圃地内的一年生播种苗，秋末对其地上部分进行埋土，埋土高度应将苗木全部埋严且高出苗顶 10～15 厘米。树龄较小、枝条较细、能够弯倒的小苗可以向一侧弯倒埋土，埋土厚度应达到 20～30 厘米，以防止冻害和抽条发生，这是防止抽条最有效、最可靠的措施。时间在 11 月中旬以后上冻之前，待翌年春季土壤解冻后及时撤土，将幼树扶直。树体较高、不能弯倒的可采用外套直径 40～60 厘米的编织袋，袋中间填土的办法防寒，翌年春季气温回升且稳定后撤掉编织袋，去除土堆。核桃树体较大后，抗寒能力增强，可培土防寒，在苗木基部培 30 厘米高的土堆，以防冻伤根颈及嫁接口。筑埂防风，在土壤封冻前，在距树 0.3 米的西北侧筑长 0.5～1 米、高 0.3～0.5 米的半月形土埂，防止西北风危害。

对无法埋土，又抽条严重的树，要对树干进行包扎越冬。在 12 月严寒来临之前，对幼树的主干、主枝等用玉米秆、稻草或杂草等进行包扎，对嫁接部位和嫁接树基部 50 厘米处用旧衣服、碎布、报纸等进行包扎，也有将所有枝条都包扎的，比较费工。树干包扎越冬防止抽条的效果并不理想，因此，一般不推荐使用这种方法。

对三年生以上的核桃树，在土壤结冻前涂白树干（彩图 13），可缓和枝干昼夜的温差，防寒效果较好，涂抹时要将主干、中心干、主枝等全部涂抹。

上冻前可用熬制好的聚乙烯醇将核桃苗木主干均匀涂刷，这样可有效减少枝条水分蒸发。聚乙烯醇的熬制方法：一般采用聚乙烯醇：水＝1：（15～20）的比例进行熬制，首先用锅将水烧至 50℃ 左右，然后加入聚乙烯醇（不能等水烧开后再加入，否则聚乙烯醇不能完全溶解，溶液不均匀），边加边搅拌，直至沸腾，然后再用文火熬制 20～30 分钟即可，待温度降到不烫手后涂刷。

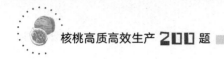

57. 造成核桃园低产的原因有哪些?

高产、优质、高效一直是人们追求的目标,但是现在生产中高产的核桃园并不多,大多数核桃园属于低产园(彩图14)。造成核桃低产的原因很多,主要有以下4种。

(1)核桃园基础设施条件差,抵御自然灾害的能力差。许多核桃园"靠天吃饭",基础条件很差,近年灾害性天气越来越频繁,每年因晚霜、冰雹、大风等危害造成的减产都在10%以上,面对这些自然灾害,果农根本无力抵抗,这是核桃园低产的原因之一。

(2)土壤肥水条件差。受传统认识的影响,核桃建园多选择条件较差的地块,甚至一些地块根本不适合建园,土、肥、水的条件都很差,不能为核桃生长提供必要的基础条件。果园土壤肥水条件差是造成核桃园低产的主要原因。

(3)树体高大、营养旺盛、光照条件恶化。郁闭核桃园多为成龄果园,品种为老品种,由于树体高大,管理不便,费工、费时,导致果园出现个体和群体郁闭现象。营养生长和生殖生长的矛盾日益突出,加之内部光照条件不断恶化,造成核桃产量越来越低、病虫害严重、品质差等问题。

(4)整形修剪不合理。果农在整形修剪上缺乏完整的修剪技术理论指导,留枝量过大,或随意短截,造成枝条疯长;外围郁闭,内膛空虚,光照不足,通风透光条件严重恶化;结果部位逐年外移,花芽分化困难;树体虚旺,病虫害严重;等等。整形修剪不合理造成果园生产能力降低,果品产量、质量不断下降。

58. 核桃低产园该如何改造?

对低产园进行改造,提高核桃单位面积的产量,对提高生产效率,提高果农经济效益具有重要且积极的意义。

(1)大力推广宽行密植栽培模式。积极改革传统的乔化栽培模式,大力推广宽行密植栽培模式。宽行密植栽培模式具有树体矮小、管理方便、通风透光好、技术简单、便于机械化作业等优点。

(2)逐年改造郁闭核桃园。每个核桃园的实际情况不一样,要根据核桃园的具体情况进行隔行间伐、隔株间伐或病（密）株间伐等措施。间伐后根据树体大小，在果园推广改形技术，落头、疏大枝，培养新的结果枝组，增加结果部位。

（3）**加大基础设施的投入。**核桃园安装滴灌管、微喷设施，省工、省水，个别有条件的核桃园实行水肥一体化，既省肥，又省水，还省工，一举多得，是核桃园现代化的一个发展方向。

（4）**增施有机肥，合理施肥。**通过增施有机肥，增加核桃园土壤的有机质含量，改善核桃园土壤的理化性状，从而提高果实的品质。增施有机肥以秋施为最佳，以充分腐熟的优质有机肥为主。同时根据土壤养分状况和核桃需肥特点，分期合理追肥，按照科学有效的原则补充核桃生长所需要的中微量元素。

（5）**淘汰部分核桃园。**进行核桃供给侧结构性改革，改善核桃市场供应结构。需要淘汰的核桃园，一是核桃品种不符合市场需要，售价低，连年亏本的核桃园；二是无力经营（劳力、技术缺乏）的核桃园，应及时淘汰或转包给有经营管理能力的人；三是产量、质量低下的核桃园。

三、核桃园土、肥、水管理

59. 核桃园土壤管理制度有哪些？

核桃园土壤管理是土、肥、水管理中的基础，土、肥、水管理常常结合在一起进行考虑。土壤管理的制度有清耕法、生草法、树下覆盖法（彩图15）等，依据不同的园地条件、树龄、栽植密度、生长季节等有不同的管理重点。清耕法是延续大田作物而来的，有一定的好处，但并不是最佳的土壤管理制度，现在越来越多的人认识到清耕法的弊端，但大多数的人还保持清耕的习惯。生草法是近年来兴起的果园土壤管理制度，但由于配套管理技术还不完善，应用还比较少。覆盖法在局部地区有所应用，覆盖的种类很多，有地膜覆盖、地布覆盖、秸秆覆盖（彩图16）等。各种土壤管理制度各有优缺点，生产中需要根据核桃园的具体情况选择最佳的土壤管理制度。

60. 如何进行核桃园土壤改良？

在核桃建园栽植前，不论山地、坡地、沙地或盐碱地，为满足核桃生长发育的需要，均需提前将园地准备好。园地准备工作主要包括平整土地、修筑梯田及水土保持工程的建设等，在此基础上还要进行定点挖坑、深翻熟化、改良土壤、增加有机质等各项工作。如果是沙地种植，应混合适量黏土以改良土壤结构，或将腐熟秸秆与沙土混合。如果在黏重土壤或下层为石砾的土壤上种植，应加大定植穴，并采用客土、掺沙、增施有机肥、填充草皮土或表土的方法来改良土壤质地，为根系的生长发育创造良好的条件。核桃树定植穴挖好后，将表土、有机肥和化肥混合后进行回填。山坡地栽植后进行治坡改土，逐步改造为梯田。此外还要求逐年向外扩大树穴，为根系向外、向下发展创造有利条件，即栽植后 2～3 年在树冠外围挖深、宽各为 1 米的环状沟，取出石块，填入表土、好土以及堆肥、树叶、杂草等，以利于根系扩大生长，深耕除草还可以改善树冠附近土壤通气保水保肥能力。

61. 核桃什么时候进行深翻扩穴？

核桃树喜疏松透气的土壤，根系分布比较深，可吸收深层土壤的养分和水分，深翻有利于根系下扎。深翻扩穴最好在秋季进行，秋季未深翻的可在春季土壤解冻后进行。秋季深翻在果实采收后结合秋施基肥进行，清理核桃园落叶、杂物等可一并进行，这是核桃园深翻的最佳时期。一般在果实采收后及早进行，在土壤上冻前结束，过晚易造成根系冻害。秋季气温较高，雨水充沛，伤根容易愈合，土壤养分转化快，有利于树体养分的积累。春季深翻在解冻后及早进行，深翻后及时灌溉，风大干旱缺水和寒冷地区不宜春翻。

62. 核桃生长发育需要什么肥料？

核桃树生长发育过程中需要充足的矿质营养供应，常用的肥料有氮、磷、钾和有机肥，以及各种微量元素肥料，以弥补土壤中各种元素的缺乏。

(1) 氮。包括土壤全氮、有机氮和有效氮等，土壤有机质含量高时土壤各形态氮含量高，表现为土壤肥力高，核桃营养足且生长旺盛。

(2) 磷。土壤有效磷含量高低可反映土壤是否缺磷，粮田土壤有效磷平均含量 25 毫克/千克，一般平原核桃园土壤有效磷含量高于粮田，丘陵区偏低。目前核桃园土壤的主要问题是 0～20 厘米土层中有效磷含量过高，20～60 厘米磷含量低，磷肥有效利用率低。磷在土壤中不易移动，一般需随有机肥一起分层施入。

(3) 钾。土壤速效钾和缓效钾含量可反映土壤是否缺钾，土壤速效钾含量为 70～100 毫克/千克，果园钾含量一般高于粮田，核桃园土壤速效钾含量一般较低。钾对核桃果实发育至关重要。

(4) 微量元素。钙、铁、锌、硼等在核桃树体中含量较低，但也

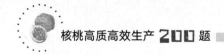

是核桃生长的必需元素，通过增施有机肥的方式增加土壤有效锌、铁、硼、钙含量是既经济又能改良土壤的方法，必要时通过土施或叶面喷肥的方式补充微量元素。

（5）有机肥。有机肥属于全营养肥料，多施有机肥有利于改善土壤结构，提高果实品质。有机肥一般都以基肥的形式施入土壤，施用基肥时如施用堆肥、秸秆和牛粪为主的有机肥需配合适量化肥施用，若是以鸡粪、羊粪为主的有机肥可不加化肥。以各种鸡粪、羊粪、猪粪的畜禽废弃物为原料，通过工厂无害化处理，腐熟、造粒、添加其他辅料等方式生产有机肥是现代化生产的趋势，工厂生产的有机肥加入有益的微生物菌剂后，称为生物有机肥，可以提高肥料利用率。

（6）功能性肥料。硒、硅，以及稀土元素等不是核桃生长必需的，但施入后对核桃树体的生长有益，被称为有益元素。硒、锌、铁等元素对人体有益，施入这类肥料能够提高核桃果实中相应元素的积累，可生产"功能果品"，因此，这类肥料被称为"功能性肥料"。

63. 如何给核桃园施基肥？

核桃园施基肥包括栽植时的底肥和每年秋季的基肥（彩图17）。栽树定植坑中施底肥时一定要用腐熟的有机肥并且和表土混合均匀，防止肥料集中出现烧根现象。若底肥是秸秆，一定要注意秸秆必须腐熟，防止"悬根漏气"，刚栽植的树根系主要是被动吸水，如果根系与土壤间空隙大则不能吸收水分，造成树苗死亡。定植后依据树龄大小采用不同的施肥方法。施基肥是改良土壤、提高土壤肥力、促进树体健壮生长的有效方法。

64. 施肥方法有哪些？

核桃园施肥时要依据肥料种类和施肥时期选择合适的施肥方法，以提高施肥效率，提高肥料利用效率：

（1）环沟施肥。即沿树冠外围挖一环状沟进行施肥，一般幼树用全环沟，大树用半环沟、扇形坑等均可。施肥沟与深翻扩穴的沟相同，深60～80厘米，宽30～50厘米。

（2）放射状沟施肥。即沿树干向外，避开骨干根，开挖数条放射状沟进行施肥，多用于成年大树。一般深30～40厘米，宽30～50厘米，一株树挖4～6条沟，施肥后及时灌水。

（3）条状沟施肥。适合成行树和矮密园，沿行间的树冠外围两侧挖沟施肥，此法具有整体性，且适于机械操作。小树第一次开沟时距主干50厘米，逐年外移，五年生以上树在树冠滴水线外沿，沟宽40厘米、深60厘米，与树行等长，将有机肥和表土混匀后填回沟内，也可以将开沟施肥与树盘撒施的方法隔年交替进行，弥补开沟施肥过于集中的缺点。

（4）树盘撒施。2～4年生初结果树，在树冠下撒施有机肥后，翻入土中，深度20厘米左右即可。

（5）全园撒施。树龄较大，根系铺满全园时可全园撒施，将有机肥撒在地表后翻入土中，深15～20厘米，施肥后及时灌溉，用水将肥料带入土壤深层。

（6）随水浇施。对灌溉条件较好的核桃园，可将有机肥撒在地表，用锄或耙子浅翻1遍，然后引水漫灌，也可以将肥料放在出水口位置随水浇施，地稍干时把浮肥翻入土中。

有灌溉条件的核桃园在施有机肥后要立即灌水。如不能浇水则需要耙地保墒，最好能结合降雨施肥，效果会更好。不同的施肥方法各有其优缺点，要根据不同的地块条件选择合适的施肥方法，在不同的年份采用不同的施肥方法交替进行。核桃园面积大时要优先选用便于机械作业的施肥方式，以降低人工成本。

65. 核桃园施用基肥的种类有哪些？

（1）有机肥料。主要有厩肥、人粪尿、畜禽粪、绿肥等。有机肥料含多种营养元素，肥效长，而且有改良土壤、调节土温等作用。

（2）无机肥料。即化学肥料。常见的化学肥料有以下几种。

①含氮肥料：主要有硫酸铵、氯化铵、碳酸氢铵和尿素等。

②含磷肥料：主要有过磷酸钙、磷矿粉等。

③含钾肥料：主要有硫酸钾、氯化钾和草木灰等。

④复合肥料：主要是含两种以上的元素，有磷酸氢二铵、磷酸二

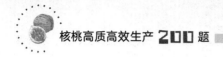

氢钾和氮磷钾复合肥等。

化学肥料速效性强，使用方便，但如果长期单独使用，会影响土壤结构，应与有机肥结合使用。

66. 如何给核桃园施追肥？

施追肥是满足核桃树对肥料需求的最主要方式，一般在生长期进行。追肥以穴施为宜，在树盘内挖数个施肥坑，宽约30厘米、深约20厘米，小树挖3～4个，大树挖10多个。环沟施肥比穴施效果更好，沟宽20～30厘米、深15～20厘米。有灌溉条件的施肥后要灌水，无灌溉条件时施肥可结合降雨进行。条件好的核桃园可安装水肥一体化设施，肥料随水浇施，在灌溉水中加入合适浓度的肥料一起浇入土壤，此法适合在具有喷灌、滴灌设施的果园采用。灌溉施肥具有肥料利用率高、肥效快、分布均匀、不伤根、节省劳力等优点，水肥一体化代表了果树施肥的发展方向。

施肥是否科学会影响核桃的生长发育，施肥过浅会导致土壤养分在0～20厘米表层富集，根系分布层土壤养分含量低。好多地方施肥不科学，部分地区春天施基肥，或秋天施基肥以化肥为主，或用量较低，追肥盲目追施氮磷钾复合肥，有的施肥未考虑土壤质地，如沙土则应选鸡粪、牛粪、猪粪等均可，如土壤黏重则应尽量选牛粪、秸秆等有机肥，通过施肥逐步改良土壤。需要通过技术培训提高果农对科学施肥的认识，减少肥料的浪费。

67. 如何进行根外追肥？

根系是核桃吸收养分的主要器官，叶片作为光合作用的器官，其叶面气孔和角质层也有一定的吸收养分的功能，枝干等也都有一定的吸收功能，生产中可以通过对叶片、枝干等部位施肥供树体吸收应用，这一做法称为"根外追肥"。根外追肥可以补充根系追肥的不足，常用的根外追肥方法有叶面喷肥、树干输液、涂干补肥等。

（1）叶面喷肥。钙、镁等中量元素和硫、铜、锌、锰、硼等微量元素，因需要量少，可在4—8月核桃树生长期，把需要的肥料溶于水中，用喷雾器喷在枝叶上进行根外追施。叶面喷肥可在开花期、新梢速长期、花芽分化期及果实采收后进行，叶面肥的浓度一般在0.1%~0.5%，叶面喷肥时一般在上午 10 点以前或下午 4 点以后进行，需要避开中午的高温，防止产生药害，阴天时可全天喷施，天气预报有雨时要暂缓喷施，待天晴后再喷。叶面肥可以与大多数的杀虫剂、杀菌剂混合使用，注意喷前要先做试验，防止产生药害。叶面喷肥时还要根据树冠大小、叶片多少等确定合适的喷液量，喷液量过多，吸收有限，药液滴落造成浪费；喷药过少，吸收不足，也难以达到叶面喷肥的效果。一般以使大多数叶片湿润，略有液滴滴落为度。注意有些肥料叶面施效果差，浓度过高或施用时期不合适容易造成药害。

(2) 树干输液。用树干输液的方法也可以补充多数的微量元素，具有操作方便、节约喷药用水、一次打孔后可以多次输液等优点，目前在苹果、枣树上应用较多，核桃树上也可以试用。输液时用专用的输液袋，用电钻在树干距地面 30~50 厘米的位置打直径 5 毫米的孔，在输液袋内灌入营养液，将输液袋挂在上部的树枝上，输液器滴头插入孔中即可，营养液的浓度与叶面喷肥的浓度相同，1~2 天即可输完。还有用强力注射输液的，通过机械增加压力，将药液尽快注入树干，此法近年应用较少。

(3) 涂干补肥。通过树干涂抹肥液补充肥料也是果树根外追肥的一种方法，目前使用的肥料主要是氨基酸涂干肥，可以在生长季节涂干 3~5 次。先将树干上的粗皮刮去，用刷子蘸氨基酸涂干肥原液涂抹在树干上即可。

68. 如何进行核桃园水分管理？

干旱是影响核桃生产的重要环境因素，在生产中要注意保持核桃园水分的合理供应，一年中有 4 个时期是核桃需水的关键时期，分别是萌芽前、果实膨大期、硬核期和冬季土壤封冻前，有灌溉条件的核桃园要适时浇水，注意"水随肥走"，基本上是在施肥后浇水，灌水后注意保墒。

(1) 萌芽期。核桃芽萌动、抽枝展叶、开花等过程需要消耗大量水分，春季又是多风少雨季节，地表耗水多，天气干燥少雨，土壤墒情较差，应结合追肥进行灌水，要尽可能浇好这次萌芽水，否则会直接影响核桃的长势。许多地方实施的水保工程，可以做到"伏雨春用"，即将秋季的降雨保蓄下来，供春季萌芽期使用，对缓解春旱的效果十分明显，还能起到减少抽条，缓解晚霜危害的作用。

（2）果实膨大期。花后 30～40 天生理落果后正值新梢速长期，同时也是果实速长和花芽分化的关键时期，营养生长与生殖生长的矛盾突出，此期也是干旱少雨的季节，应及时灌水以满足果实发育和枝叶发育对水分的需求，确保核仁饱满，此时灌水对提高当年坚果产量、品质，增加翌年混合花芽数量都有显著作用。

（3）硬核期。此期一般各地都处于雨季，仅靠自然降水就能满足需求，一般不需要人工灌溉，如遇天旱缺雨时必须灌水。

（4）封冻前。10 月下旬至落叶前可结合秋施基肥灌 1 次透水，以促进基肥分解，增加冬前树体内营养储备，提高幼树的越冬能力，以利于翌春萌芽和开花，对核桃树安全越冬和增加春季土壤墒情都十分有利。秋季干旱如果不能及时浇水，翌年春天抽条会很严重。若秋季干旱时浇冻水，应适当提前在 10 月中旬完成，不足四年生的幼树浇冻水不要过晚，防止冻害发生。有灌溉条件的核桃园在早春 2 月中旬要及时灌溉 1 次，增加土壤水分供给，可有效防止春旱抽条。

69. 如何搞好核桃园的有机旱作？

有机旱作是广大干旱地区增加土壤水分和有机质的重要手段，实施有机旱作技术能够为核桃的生长提供较好的肥水条件，从而促进树体生长和开花结果。

（1）集雨沟。以树行为中心做成高垄，覆盖地膜，在树冠外沿开集雨沟，可以将雨水积蓄于沟中，供根系吸收，同时覆盖物可以减少地面蒸发，有效节约水分。

（2）秸秆覆盖。春季在核桃树行内覆盖 30 厘米厚的小麦、玉米等秸秆，秸秆以切成 3～10 厘米的碎段为好，覆盖范围应大于树冠外缘 30 厘米左右，并零星覆盖少许土块以防大风吹走秸秆，也可以用大豆、绿肥、食用菌渣等代替秸秆，各地可根据实际情况选择覆盖材料。

（3）穴贮肥水。在核桃树树冠滴水线内对称地挖 4～8 个灌水穴，穴深40厘米，直径20~30厘米，穴内施入有机肥，也可将杂草、秸秆等束成草把（放入穴中），穴口用地膜覆盖，使地膜四周高、中间低，中间留1个小孔便于集聚雨水或人工补充水分。可以将秸秆、有机肥、化肥等混合压制成肥料棒施入土中，可持续为树体提供养分，并有利于雨季蓄水。

(4) 树下积雪（冰）。冬季降雪后将雪、冰块等堆积至树盘内，一方面可以保持土壤温度，另一方面在春季积雪融化后，可增加土壤的水分含量，是干旱地区增加土壤水分含量的有效措施，对缓解春季干旱有重要作用。

70. 核桃节水灌溉的方式有哪些？

我国水资源匮乏，在农业生产中要特别注意节约用水，采取各种农业措施减少水分的无效消耗，采用节水灌溉方式提高水分利用效率。节水灌溉的方式有：地面灌溉、滴灌、喷灌、小管出流等。管道灌溉节水效果好，需要铺设管道，增加水泵、过滤装置等设备，一次性投资较大，但后期使用方便，运行成本低，应用自动控制的水肥一体化可大量节约劳动力的投入。

71. 地面灌溉的方法有哪些？

地面灌溉节水效果较差，但投资最少，是目前最主要的灌溉方式，在地面灌溉时要结合其他保水措施，以减少灌溉用水。可以采用的方式有以下4种。

(1) 树盘灌溉。以树干为中心，在树冠投影范围做圆形或长条形树盘，做渠引水，大水漫灌，逐一进行。

(2) 沟灌。在核桃树行间距主干40~50厘米至树冠外围顺树行两侧各开2条深20厘米左右的灌溉沟，灌水时只在沟内进行，树小时可开1条沟，灌溉沟的位置可结合秋季施肥和深翻时逐年轮换，4~5年轮换1遍，再从头开始，可节水50%。

(3) 行间交替灌溉。核桃树盛果期的大树以树干为中心顺树行纵向打土埂，将树盘分割成长条形的灌溉区，实行隔行交替灌溉，初果期或幼树将树盘划分为左右2个区，交替灌溉。根据不同生育期需水量的不同,盛果期的树在萌芽期、花后和采收后采用半区灌溉,果实迅速膨大期用全区灌溉,可节水 37%。

(4)局部交替灌溉。根据核桃树的年龄和冠幅大小,在根系的主要分布区设置 4~6 个局部灌溉区,灌溉区之间用土埂隔开,进行多点局部灌溉,局部交替灌溉的灌水量比行间交替灌溉更少,可节水 50%~60%。

72. 核桃如何进行滴灌?

滴灌是按照核桃树需水要求,通过管道系统和滴头将水缓慢、均匀、准确地直接输送到根部附近的土壤表面,浸润到根系最发达的区域,可使土壤保持最佳的含水状态,满足核桃树需水要求。滴灌具有省水、省工等优点,能达到提高产量、增加经济效益的目的。缺陷是滴灌的投入高、滴头容易堵塞等。

(1)环管地表滴灌。采用管径为 16 毫米的滴灌毛管环绕树干 1 周,直径为 1 米左右,滴头间距 30 厘米,滴头流量 3.2 升/时。可根据树体大小确定环管的直径,将滴灌带布置在根系集中分布区,水分利用率比传统直管滴灌的更高。

(2)膜下滴灌。在核桃树树盘内铺设滴灌管,然后再覆盖地膜、地布等,可有效减少地面水分蒸发损耗,提高水分利用率。膜下滴灌的平均用水量是传统灌溉用水量的 1/8,是喷灌用水量的 1/2,是露地滴灌用水量的 70%。

73. 核桃如何进行喷灌?

喷灌的种类很多,也是一种常用的节水灌溉方式,同时喷灌时形成的水雾还具有很好的生态效应,如早春防止晚霜危害等。

(1)树冠喷灌。一般的喷灌设施用较大射程的旋转喷头,由水泵提供动力,将水均匀喷洒到树冠上,具有节水、不破坏土壤结构、可调节局部气候以及不受地形限制等优点,但喷灌投资较高,能耗较大。

(2)树冠微喷灌。每行核桃树布置 1 条输水毛管,用钢丝固定,微喷头安装在距树冠上方 0.2~0.5 米处,使水直接喷在树冠叶片上,然后再淋滴到土壤中，可节水 52.1%。

(3) 树下微喷灌。沿核桃树行一侧布置一条输水毛管，管径为 16 毫米，在正对每棵树树干 1 米处布置 1 个射程 2 米、流量为 40 升/时的旋转微喷头，使水均匀喷在核桃树周围的土壤中，可节水 49.5%。

74. 如何进行小管出流节水灌溉？

小管出流是一种新型的具有广泛应用前景的节水灌溉方式，也称为涌泉灌。全套设备有水池、水泵、控制器、过滤器、施肥器、主管道、支管和毛管等，采用 4 毫米毛管代替滴头和喷头，出水断面大，抗堵塞能力强，对水质要求低，工作压力小，适用范围广，小管出流比地面灌溉节水 60%，比喷灌省水 15%～25%。

75. 核桃园间作应注意哪些问题？

栽植 5 年以内的幼树可以间作，5 年以后树冠扩大不宜间作。间作物种类和形式以有利于核桃的生长发育为原则，应留出足够的清耕带，间作物不能离核桃树太近，以免影响核桃树的正常生长发育，间作时要距树干 1.5 米以上，随着树冠的扩大间作带要变窄。间作物的生长不能影响核桃树的生长，更不能因为间作而将树冠下部的枝条去掉。切忌种植高秆作物，否则会影响核桃树长势，另外不能种植大白菜等秋菜，否则幼树易受到大青叶蝉（浮尘子）危害。间作物的需肥需水关键期要与核桃生长的需肥需水期错开，防止二者争肥夺水，影响核桃的生长。另外，在荒山、滩地建造的核桃园，立地条件差，肥力低，间作应以养地为主，可间作绿肥和豆科作物等。

76. 如何做好核桃园的排水工作？

核桃是深根性树种，抗旱不耐涝，对地表积水、地下水位过高和黏土地均很敏感，雨季要注意及时排水，不要让园内过长时间积水。积水会导致根部缺氧，如果根部缺氧时间过长，影响根系的正常呼吸，叶片会萎蔫变黄，易得根腐病，造成烂根，严重时整株死亡。此外地下水位过高会阻碍根系向下伸展，因此，低洼易涝地不能栽植核桃树。对土壤黏重、地下水位高的地块可起高垄栽植，多施有机肥改良土壤物理特性，提高土壤肥力，促进土壤微生物活动，开春后及时中耕疏松土壤，增加土壤透气性。根本措施是要构筑果园的排灌水系统，使果园旱能灌、涝能排，使果园水分维持在合理的范围之内，从而促进树体的生长发育，开花结果。

77. 核桃园间作物的种类有哪些？

常见的核桃园间作物包括蔬菜、粮食、中药材、绿肥等低矮的作物，尽量不种玉米、高粱等高秆作物。目前各地核桃园种植的间作物有花生、豆类、薯类、中药材、小麦、谷子、辣椒、番茄、甜瓜等（彩图 18），也有在核桃行间培育其他果树苗、绿化苗的。核桃园生草常用多年生豆科和禾本科牧草，常见的草类有毛叶苕子（长柔毛野豌豆）、紫云英、草木樨、地丁（华南龙胆）、鸡眼草、鸭茅、羊胡子草、野燕麦、鹅观草、黑麦草、酢浆草、扁茎黄芪、高羊茅等。

78. 核桃园生草有什么作用？

果园生草是现代果园普遍采用的技术，核桃园生草、种植绿肥能够显著、快速地提高土壤的有机质含量，改善土壤结构，改良土壤，增加土壤肥力。果园生草改善园地自然环境，增加果园天敌数量，有利于果园的生态平衡，减少病虫害。果园生草后增加了地表覆盖层，能降低土壤表层温度变幅，有利于提高坚果产量和品质。山地、坡地果园生草可起到水土保持的作用，降低生产成本，减少果园投入，增加经济效益。

79. 核桃园生草的方式有哪些？

生草法是在果树行间或株间种植禾本科、豆科等草种的土壤管理方法。按生草时间可分为永久性生草和短期生草。

(1) 永久性生草。在行间播种多年生牧草，定期刈割不加翻耕。

(2) 短期生草。选择一年生、二年生的草类，逐年或越年播于行间，待果树花前或秋后刈割、翻压或覆盖。

按生草面积分为全园生草和带状生草。带状生草时树行内可清耕或覆盖。

80. 核桃园生草的优缺点有哪些?

(1) **优点**。防止水土和养分流失,可保持和改良土壤结构和理化性状,增加土壤有机质和有效养分的含量,改善果园的生态条件,建立良好的生态平衡,改善果园地表小气候,减少冬夏地表温度变化,降低生产成本,有利于果园机械化作业。

(2) **缺点**。与果树争肥争水,在水分竞争方面,在持续高温干旱时表现最为明显,果树根系分布层的水分丧失严重;在养分竞争方面,对于果树来说,以氮素营养竞争最为明显,表现为果树与禾本科植物的竞争激烈,但与豆科植物的竞争不明显。连续多年生草后土壤表层因根系密集而板结,影响通气性和透水性,引起根系上翻,果树易受干旱和严寒的危害。草长得过高影响树冠下部通风透光,影响果实品质,甚至加重病虫害。

四、核桃整形与修剪

81. 核桃修剪的指导思想是什么？

整形修剪对管理者来说通常是最难的，很多人懂一些基本的修剪知识，但修剪的效果很差。怎样做好整形修剪需要下一番功夫，掌握修剪的指导思想，并在修剪过程中时常考虑这些问题。核桃整形修剪时要掌握好以下 4 项原则，辩证思考、分步实施，每次修剪都要将各方面的影响因素考虑在内，并不断总结经验，从而提高修剪水平，改善修剪效果。

（1）**因树修剪，随枝做形。**由于品种、砧木、树龄、树势及立地条件的差异，即使在同一片园内核桃单株间生长状况也不相同，因此，在整形修剪时既要有树形的要求，又要根据单株的生长状况灵活掌握，随枝就势，因势利导，诱导成形，以免造成修剪过重、延迟结果。但这并不代表一棵树要有一种树形，而这种情况在生产中是最容易犯的一个错误。总体而言，同一地区一片果园树形要尽量统一，以一种树形为主，90％以上的树要整成同一树形，这样便于管理。如果一片园子里树形种类太多，就会导致管理混乱，越剪越乱。

（2）**统筹兼顾，长远规划。**核桃树在整形修剪时要兼顾树体的生长与结果，既要有长远计划，又要有短期安排。幼树期要整好形还要有利于早结果，生长、结果两不误。片面强调整形不利于提高早期效益；只顾眼前利益片面强调早、丰产会造成结构不良，不利于后期产量的提高。盛果期树也要兼顾生长与结果，做到结果适量，避免隔年结果，防止树体早衰形成小老树。在建园之前就要把树形作为一个考虑因素，综合立地条件、品种、砧木、株行距等因素确定合适的树形，建园后一以贯之地执行下去，不管谁来修剪，不管哪一年进行修剪，确定的树形不能变。

（3）**以轻为主，轻重结合**。每次修剪时修剪量的多少是很难把握的，缓放、拉枝等修剪方法有助于缓和生长势，是属于"轻"的范畴，短截、回缩等修剪方法会刺激局部枝条的营养生长，属于"重"的范畴。在修剪时要将各种修剪方法综合运用，不能单用一种修剪方法，20世纪80年代"头几年用绳子，后几年用锯子"的修剪方法是不可取的。核桃树修剪时要尽可能地减少修剪量，减轻修剪对核桃树整体的抑制作用，尤其是幼树，适当轻剪有利于扩大树冠，增加枝量，缓和树势，达到早结果、早丰产的目的。但是修剪量过轻也会减少分枝和长枝比例，不利于整形，骨干枝不牢固。幼树期以整形为主，适当结果；盛果期以结果为主，维持树形稳定；衰老期以更新修剪为主，延长结果年限。

（4）**平衡树势，从属分明**。树形是整形修剪的基础，骨干枝是构建树形的主要枝条，因此，培养树形实则是对骨干枝的培养，骨干枝培养好了，树形也就出来了。在培养树形时，要突出骨干枝的优势地位。核桃树要保持各级骨干枝的优势及同一级枝条间的生长势均衡，做到树势均衡，中心干比主枝强，主枝比枝组强，主枝之间长势相对一致，从属分明，才能形成稳定的结构，为丰产、优质打下基础。

82. 核桃修剪怎么调节树体与环境的关系？

通过整形修剪可调整核桃树个体结构，调节群体结构，提高光能利用率，创造较好的微域气候条件，更有效地利用空间。良好的群体和树冠结构还有利于通风、调节温度湿度和便于操作。通过修剪提高叶面积指数和改善光照条件，是核桃树整形应遵循的原则，二者必须兼顾。只顾前者往往影响品质，也影响产量；只顾后者则影响产量。增加叶面积指数主要是多留枝，增加叶丛枝比例，改善群体和树冠结构。改善光照条件主要是控制叶幕，改善群体和树冠结构，通过合理整形可协调两者的矛盾。稀植时，整形主要考虑个体的发展，重视快速利用空间，树冠结构合理及其各个局部势力均衡，尽量做到扩大树冠快、枝量多、先密后稀、层次分明、骨干开展且势力均衡。密植时，整形主要考虑群体发展，注意调节群体的叶幕结构，解决群体与个体的矛盾；尽量做到个体服从群体，树冠要矮，骨干要少，控制树冠，通风透光，先"促"后"控"，以结果来控制树冠。

83. 核桃修剪时怎么调节树体的平衡关系？

修剪是局部的外科手术，常常会打破核桃树的"平衡"，因此，修剪时要有整体的把握，注重各部分之间的平衡关系。

(1) 调节地上部与地下部的平衡。核桃树地上部与地下部是相互依赖、相互制约的，二者应保持动态平衡。任何一方的增强或减弱，都会影响另一方的强弱。修剪时注意调整两者的均衡，以建立有利的新的平衡关系。对生长旺盛、花芽较少的树，修剪虽然促进局部生长，但由于剪去了一部分器官和同化养分，一般会抑制全树生长，使全树总生长量减少，这就是通常所说的修剪的二重作用。对花芽多的成年树，由于修剪剪去了部分花芽和更新复壮等作用，反而会比不修剪的增加总生长量，促进全树生长。

(2) 调节营养器官与生殖器官的平衡。生长与结果这一对基本矛盾在核桃树的一生中贯穿始终，可通过修剪进行调节使双方达到相对均衡，为高产、稳产、优质创造条件。调节时，首先要保证有足够数量的优质营养器官。其次，要使其能产生一定数量的花果，并与营养器官的数量相适应，如花芽过多则必须疏剪花芽和疏花疏果，促进根叶生长，维持两类器官的均衡。再次，要着眼于各器官各部分的相对独立性，使一部分枝梢生长，一部分枝梢结果，每年交替，相互转化，使两者达到相对均衡。

(3) 调节同类器官间的平衡。一株核桃树上同类器官之间也存在着矛盾，需要通过修剪加以调节，以利于生长结果，修剪调节时要注意各器官的数量、质量和类型。有的要抑强扶弱，使生长适中有利于结果；有的要选优去劣，集中营养供应以提高器官质量。各类枝条，既要保证有一定的数量，又要搭配和调节长、中、短各类枝条的比例和部位。对徒长旺枝要去除一部分以缓和竞争，使多数枝条健壮，从而利于生长和结果。结果枝和花芽的数量少时，应尽量保留；雄花数量过多时，选优去劣，减少消耗集中营养，保证留下的花生长良好。

84. 早实核桃修剪有什么特点？

早实核桃容易成花结果，结果过多时消耗养分过多，容易造成树势衰弱。早实核桃幼树修剪宜轻不宜重，一般延长枝适当短截，疏旺枝、留壮枝，结果枝组不短截，尽量多保留枝叶量。多应用摘心、别枝、拉枝等夏季修剪方法，对结实率低、生长弱的内膛枝条进行疏除修剪；利用和培养徒长枝，当结果枝干枯或衰弱时，可重短截促其基部隐芽萌发徒长枝，经长放或轻剪后培养新结果枝；树冠外围生长的二次枝进行短截促其萌发分枝开花结实，内膛萌发的二次枝以疏除为主，改善通风透光条件。早实类核桃大量结果后，主、侧枝角度变大，呈衰退趋势，应用回缩修剪技术促进萌枝，抬高分枝角度，逐步更新复壮主、侧枝。早实核桃进入结果盛期以后，树冠扩大明显减弱，二次枝的抽生数量不仅减少而且长势减弱，有的不再抽生二次枝；结果枝的枯死更替现象明显，徒长枝也常有发生，因此修剪时要注意以下 4 点。

（1）疏枝。 早实核桃的结果母枝侧芽抽生结果枝的概率较高，为了使养分集中应疏除弱结果母枝（这类枝坐果率较低），保留壮结果母枝。

（2）回缩。 当结果枝组明显衰弱或出现枯死时，可通过回缩使其萌发徒长枝，再短截发出 3～4 个结果枝，更新培养结果枝组（彩图 19）。

（3）二次枝处理。 方法与幼树阶段基本相同，重点是防止结果部位迅速外移，对树冠外围生长旺盛的二次枝进行短截或疏除。

（4）清理无用枝。 主要是疏除树膛内过密枝、重叠枝、交叉枝、细弱枝、病虫枝和干枯枝等。

85. 晚实核桃修剪有什么特点？

晚实核桃的生长发育特点是，前期以营养生长为主，形成花芽晚，2～3 年后才开始增加分枝，3～5 年后开始结果，营养生长旺，开花结果较少。因此，晚实核桃幼树修剪除注意培养树形外，还应通过修剪达到促进分枝、提早结果的目的。晚实核桃在未开花结果以前抽生的枝条均为发育枝，将发育枝进行短截是增加枝量的有效方法，短截的对象主要是一级枝和二级枝轴上抽生的生长旺盛的发育枝。一株树上短截枝的数量不要过多，平均为总枝量的1/3，而且在树冠内分布要均匀。短截的方法有中度短截和轻度短截。枝条较长时（1米以上）进行中度短截，枝条稍短（0.7~0.9米）时进行轻度短截，不宜采用重短截。另外，晚实核桃的背下枝长势很强，为了保证主、侧枝原枝头的正常生长和促进其他枝条的发育，在背下枝抽生的初期，即可从基部剪除。晚实核桃由于树冠外围枝量不断增多，树冠内膛通风透光逐渐恶化，进入盛果期后应注意疏除树冠内膛的密集细弱枝，必要时还得疏除一些过密的或生长部位不当的大枝。

86. 核桃伤流对修剪有什么影响？

伤流是植物的一种生理现象，指从受伤或折断的植物组织溢出无色无味透明液体的现象（彩图20、彩图21）。核桃树的伤流一般从落叶后开始到翌年春季芽萌动后停止。伤流液中含有大量的矿质营养和有机营养，较多的伤流会浪费树体营养，削弱树势。核桃树在休眠期修剪易发生伤流，从而削弱树势，甚至导致局部枝条枯死。

秋季伤流是因为落叶后根系仍在活动，但蒸腾作用基本结束而出现的，从落叶开始伤流，其强度逐渐增加，之后随气温降低根系活动减弱，伤流逐渐停止。春季伤流是与土温升高、根系开始活动同步发生的。由此可见，核桃的春季、秋季伤流主要由根压引起，也被称为根压伤流。冬季田间自然生长的核桃枝条受伤，伤口会出现伤流并维持很长时间，也称茎压伤流。冬季木质部伤流与木质部汁液正压有关，核桃树茎压伤流主要是受0℃以上低的非结冰温度的影响，其发生与气温变化密切相关。

87. 核桃冬季修剪什么时候进行比较合适？

一般核桃小树修剪应避开伤流期，而大树可以在伤流期修剪。幼树由于根系少，吸水能力差，冬季修剪发生伤流会削弱树势，应尽量减少小树的冬季修剪量，而主要通过夏季修剪来扩大树冠，使其尽快结果。刚栽植的幼树根系损伤较大，水分吸收能力大减，定干剪枝不会发生伤流，不论是春栽还是秋栽都一样，定干后用愈合剂、油漆等封闭剪口，以减少水分散失，确保苗木成活。成年大树根系庞大，其吸水能力强，冬季修剪在 12 月中旬至翌年 3 月中旬进行，修剪时发生的伤流对树体的影响并不大。综合各种因素可以确定如下 3 个修剪时期。

（1）秋季核桃叶变色后至落叶前。一般 10～15 天，此时伤流少，修剪时可以疏除一些大枝。

（2）冬季数九寒天时。此期由于昼夜温差小，伤流量较少，此期一般持续 30～40 天，大多数核桃园可在此期修剪，但此时天气很冷，实际进行修剪操作的人较少。

（3）核桃萌动前的 1 个月。一般在 2 月至 3 月上旬，选择温差比较小且天气持续较稳定的时间段内修剪，伤流也较轻，这时温度回升天气较暖和，是最适宜的修剪时期。此期要避开冷暖空气交流频繁的时间段进行修剪，否则伤流会很重。

88. 核桃修剪的顺序是怎样的？

核桃树的修剪是一项系统工程，一个核桃园在修剪之前应先请有经验的人调查了解树体生长情况，确定修剪方案，明确修剪目的，特别是目标树形要统一，多年坚持、严格执行同一套技术方案。面积较大的核桃园在修剪前要集中培训，让每个参与修剪的人把修剪思路、树形目标等进行统一，这样园子里的树形才能一致。修剪组织者还要做示范修剪，必要的时候要对修剪者进行考核，只有考核合格，能充分理解修剪意图、掌握修剪手法的人才能参加修剪。修剪一段时间后要集中点评、交流、学习，这样才能统一修剪手法，不断提高修剪水平。

具体到一株树的修剪，第一步观察树体结构，看有无需要去掉的大枝，包括影响结构的大枝、受病虫危害严重的枝条等；第二步是拉枝，先把枝条拉开角度看一下再决定一些相关枝条的去留，原先密挤的枝条可能在拉枝后还不够用；第三步再动手修剪，枝组修剪要精细进行。修剪时讲究"枝枝过眼"，不一定所有的枝条都要动手修剪，但一定要把所有的枝条都看一下，决定是否应该修剪，该如何修剪，要给出修剪的理由，思考修剪后翌年可能会长成什么样子。修剪完成后要再次整体观察一下，看是否有遗漏的地方或修剪不到位的枝条，做一些补充修剪。修剪后可以由经验丰富的技术员对剪过的树进行检查，修正一些修剪错误的地方。

89. 核桃根有什么特征？

核桃为深根性树种，具有强大的主根、侧根及广泛、密集的须根。在黄土地上成年树主根可深达 6 米，核桃大树根系集中分布在深 20～60 厘米的土层中，约占总根量的 80％以上。侧根水平伸展可超过 14 米，水平分布主要集中在树干周围，大体与树冠边缘相一致。幼树主根垂直生长很快，侧根较少，切断主根有利于分生侧根，也有利于地上部生长，核桃育苗时断根已经成为常规措施。土壤疏松时根系分布范围较广，土层薄、干旱或地下水位比较高的地方根系分布范围变小。育苗时沙土地所出的核桃苗须根多，黄土地所出核桃苗的须根少。一般而言，早实核桃比晚实核桃根系发达，幼龄树尤为明显，发达的根系有利于营养物质的吸收，有利于树体积累和花芽形成，从而早结果、早丰产。

另外，核桃幼苗时根系生长比地上部生长快，起苗移栽会使根系受到损伤，因此，建园栽植时第一年主要是恢复根系的生长，而核桃地上部生长缓慢，这也是苗木定干时需要重剪的生理基础。

核桃根中还有菌根，菌根比正常吸收根短、粗，集中分布在深 5～30 厘米的土层中，菌根的存在有利于增强核桃根系的吸收能力，促进树体的生长发育。土壤含水量为 40％～50％时菌根发育最好。

90. 核桃的芽如何进行分类？

核桃的芽按其形态、构造及发育特点，可分为叶芽、雌花芽、雄花芽和潜伏芽 4 类。

（1）叶芽。核桃顶生叶芽萌发后只抽生枝和叶，又称营养芽。营养枝顶芽以下各节的芽为侧生叶芽，结果母枝混合芽以下的叶腋间有的也是叶芽。叶芽常单生或与雄花芽叠生，芽体瘦弱呈半圆形，有棱。核桃幼树期的芽多为叶芽，晚实类型核桃叶芽较多。

视频 3　核桃芽分类

(2) 雌花芽。 雌花芽芽体饱满肥大，近圆形，外面紧紧包裹鳞片，多着生在枝条的顶端，既能长出枝叶又能开花结果，也称为混合花芽，早实类品种有很多腋生雌花芽。雌花芽萌发后先长出一段枝和叶，后在顶端长出雌花序，形成结果枝。

(3) 雄花芽。 雄花芽呈短圆锥形，为裸芽，只开雄花，不长枝叶，萌发后形成柔荑花序，多着生于一年生枝条的中下部。不同树上雄花芽数量不等，单生或双生，或与叶芽、雌花芽叠生。

(4) 潜伏芽。 潜伏芽又称休眠芽，芽体瘦小，一般情况下不萌发。潜伏芽主要由枝条上的瘪芽转化而来，随着枝条停止生长和枝龄的增加，外部芽体脱落后生长点留存皮下，形成潜伏芽，一般结果枝和营养枝上有潜伏芽 2～5 个，徒长枝上有 6 个以上。核桃潜伏芽寿命可达数十年甚至上百年之久，受到刺激（冻害、修剪等）后可以萌发，用于树体或枝组的更新。早实核桃的潜伏芽萌发力和成枝力强，萌发后当年就可形成花芽。潜伏芽寿命长、更新能力强是核桃树寿命长的基础。

91. 核桃枝条如何进行分类？

核桃落叶后根据枝条上着生芽的性质，可分为营养枝、结果母枝和雄花枝。

(1) 营养枝。 营养枝是顶芽为叶芽，翌年春季只抽枝长叶而不开花结果的枝条，一般又称为生长枝，是扩大树冠、增加结果面积和形成结果母枝的基础。另外，由树冠内膛潜伏芽萌发形成的枝条也多数为营养枝。营养枝依据其长短等又分为发育枝、徒长枝、中间枝和二次枝等。

视频 4　核桃枝条分类

①发育枝：由叶芽发育而成，一般发育枝比结果母枝长，健壮的发育枝翌年容易形成混合芽，然后开花结果。细弱的内膛发育枝不容易形成花芽，甚至会出现枯死现象，即使形成花芽也很难坐果。

②徒长枝：多由树冠内膛的潜伏芽萌发而成，生长直立，粗壮而长，且节间长，髓部不充实。徒长枝过多会影响树体的生长和结果，应加以控制，树体衰老时可以利用徒长枝进行更新修剪。

③中间枝：一般着生在树冠内部，每年展叶后不到 1 周即停止生

长，枝条很短，很难形成花芽，只有等光照条件改善，枝势增强时才能转化为结果母枝而开花结果。

④二次枝：早实核桃开花结果后又抽生的枝条，有时甚至会抽生三次枝（彩图22、彩图23）。晚实核桃生长旺盛时也可以抽生，但一般较少，长度也短。

⑤蛇头枝：在生长旺盛的枝条上，特别是徒长枝上有一类特殊的"枝"——一个短柄的顶端有一个大叶芽，形似蛇头，因此称为"蛇头枝"。这类枝条更多地具有芽的特性。早实核桃二次枝中部常有多个"蛇头枝"，晚实核桃的二次枝也常常是顶端只有一个大叶芽的"蛇头枝"。

(2) 结果母枝。着生雌花芽的枝条翌年能开花结果，称为结果母枝，依其长度可分为长结果母枝（大于15厘米）、中结果母枝（5～15厘米）和短结果母枝（小于5厘米）。

(3) 雄花枝。树冠内膛着生的顶芽为叶芽，其下只着生雄花芽的细弱枝称为雄花枝。顶芽萌发后不久即脱落，有的形成细弱枝，雄花序开花散粉后脱落，整个短枝呈光秃状态，越冬后枯死，因此也称光秃枝。部分健壮雄花枝的顶芽是雌花，能开花结果。雄花枝既耗养分又无生产能力，应及时疏除。出现较多雄花枝是树势衰弱的表现。

92. 核桃叶片有什么特征？

核桃叶片为奇数羽状复叶，顶生小叶最大。复叶上的小叶数依不同核桃种类而异，普通核桃的小叶一般为5～9枚，一年生苗多为9枚，结果枝多为5～7枚，偶有3枚者。小叶由顶部向基部逐渐变小，在结果盛期树上尤为明显。新梢上复叶的数量与树龄、枝条类型有关，结果初期以前营养枝有复叶8～15枚，结果枝上有复叶5～12枚，结果盛期后，结果枝上的复叶一般为5～6枚，内膛细弱枝只有2～3枚，徒长枝和背下枝可多达18枚以上。

核桃叶片的数量与质量对枝条和果实的发育影响很大。着双果的枝条需要有5～6枚甚至更多的正常复叶，数量低于4枚的难以形成花芽，且果实发育不良。早实核桃结果母枝靠近基部的侧生混合芽抽生枝叶的能力差，有只开花结果不长叶片的现象，果实发育所需的养分由其他地方的叶片运输而来。核桃叶片大，冬季修剪时感觉枝条稀疏，但夏季时常感觉密挤，容易郁闭。同时叶片是光合作用的器官，有多种病虫危害叶片，要加强病虫害防治以保护叶片完整，保证制造足够的光合产物供应树体生长、开花结实。

93. 核桃年生长周期有什么规律？

核桃的年生长周期（物候期）包括根系、枝条、花、果等在一年中的发育过程，不同地方的物候期不完全相同。

核桃根系开始活动期与萌芽期相同，3月底开始出现新根，随土温升高，根系生长逐渐加强，6月中旬至7月上旬、9月中旬至10月中旬出现两次生长高峰，11月下旬停止生长。

春季日平均气温稳定在9℃左右时，核桃开始萌芽，日气温稳定在13～15℃时开始展叶，叶片生长迅速，20天左右可达叶片总面积的94%，5月底至6月初叶片停止生长，10月下旬至11月上旬落叶。新生的叶芽和雄花芽5月初显露于叶腋，此后随枝条生长和木质化而逐渐增大，叶芽在5月下旬以后即可用于嫁接。

核桃枝条的生长受树龄、营养状况、着生部位及立地条件的影响，一般幼树和壮枝一年中可以有两次生长，形成春梢和秋梢。第一次生长高峰在5月上旬，生长量占全年的90%，短枝和弱枝只有这一次生长高峰。旺枝继续生长（第二次生长高峰）至7月底、8月初停止生长形成秋梢，秋梢木质化程度低不利于枝条越冬，生长中应及时摘心控制。

核桃由营养生长向开花结果的转变是一个复杂的过程。核桃花芽分化需要消耗大量的营养物质，应及早供给和补充养分。核桃雄花芽的分化一般在4月下旬至5月上旬就已形成了雄花芽原基，5月下旬至6月上旬，小花苞和花被的原始体形成，在叶腋间可明显地看到表面呈松果状的雄花芽。雄花芽为裸芽，无鳞片包裹，冬季呈浅灰色，长度为6～7毫米，翌年4月日平均气温稳定在8.5℃以上时开始萌动膨大，伸长成柔荑花序，迅速发育完成并开花散粉。散粉后花序干缩脱落，所在部位光秃，不再生长枝叶。

雌花芽的分化包括生理分化期和形态分化期。华北地区的5月下旬至 6 月下旬是核桃花芽分化的临界期。形态分化期从 6 月中下旬至 7 月上旬开始，10 月中旬出现雌花原基，冬前出现总苞、花被原基，翌年春季完成花器的分化。从开始分化到开花约需 10 个月的时间。

94. 核桃生命周期有什么特征？

核桃树寿命长，几百年的大树仍能正常结实。依据核桃树体一生中生长发育呈现出的变化，可将其分为幼树期、初果期、盛果期和衰老期等 4 个时期。早实核桃的生命进程比晚实核桃要早，同时各个时期的长短与修剪、管理有很大的关系。修剪适当、管理良好的核桃树幼树期短，开始结果早，能尽快度过初果期，提早进入盛果期，且盛果期维持时间较长，到衰老期后通过更新修剪还能维持一定的产量。修剪不当时核桃树迟迟不结果，幼树期延长，进入盛果期晚，且结果量少，不能丰产，常常形成大小年结果现象，过早进入衰老期。

95. 核桃幼树期有什么特征？

从苗木定植到第一次开花结果之前，称为幼树期，也称为生长期。幼树期的生长发育特点是：树姿直立，树体离心生长旺盛，枝条在一年中有 1~2 次生长高峰，长枝、徒长枝停止生长晚，冬春季节容易抽条。核桃嫁接苗幼树期的长短因品种类型不同而差别很大，早实类型品种的幼树期只有 1~2 年，有的栽植当年就能开花，而晚实类型品种的幼树期为 3~5 年。生产中在核桃树栽植后的前 3 年要疏掉所有的果实，以尽快培养树形、扩大树冠。

96. 核桃初果期有什么特征？

初果期也称生长结果期，是从开始结果到大量结果以前的时期。这一时期树体生长旺盛，枝量增加迅速，随着结果量的增多，枝条分枝角度逐渐增大，树姿开张，离心生长逐渐减缓，树体基本成形。初果期各级骨干枝尚未全部配齐，生长仍很旺盛，树冠还在扩大，因此，应以培养树形为主，结果为辅。早实核桃的初果期为 4~7 年，晚实核桃长达 7~15 年。

97. 核桃盛果期有什么特征？

核桃盛果期时果实产量逐渐上升达到高峰并持续稳定。盛果期是核桃树一生中产生最大经济效益的时期。盛果期树冠扩大速度减缓并逐渐停止，树冠和根系伸展都达到了最大限度，树姿开张，随着产量的增加，外围枝绝大多数成为结果枝，结果部位外移，生长和结果之间的矛盾表现突出，内膛枝开始干枯，出现局部更新和交替结果的现象。此时树形已经培养完成，修剪的主要任务是调整结果枝组的营养生长和生殖生长，局部更新，防止结果部位外移，保证连年丰产稳产，防止大小年现象的发生（彩图24）。因此，要认真修剪，防止外围枝增多，通风透光不良，营养分配失调，外围枝条下垂，内膛小枝枯死，主枝基部光秃。一般早实核桃8～12年后、晚实核桃15～20年后进入盛果期。如果管理条件好，核桃树盛果期可维持50～100年。

98. 核桃衰老期有什么特征？

核桃衰老期果实产量明显下降，骨干枝开始枯死，后部发生更新枝；早实核桃进入衰老期较早。这段时期树势明显下降，初期表现为主枝和侧枝梢端开始枯死，树冠体积缩小，内膛发生较多的徒长枝，出现向心生长，产量递减，但可以通过老树更新复壮措施进行改造，维持一段时间的较高产量。后期则骨干枝末端枯死严重，树冠内发生大量更新枝，树势明显衰弱，产量也急剧下降，失去栽培意义。

99. 核桃休眠期修剪有哪些方法？

核桃树休眠期修剪是在秋冬季节核桃树落叶之后至翌春萌芽之前进行的修剪，此时主要的任务是调整树体结构，常用的修剪方法有缓放、短截、疏枝、回缩、拉枝等。在修剪时要依据树形培养和结果枝组培养的要求综合采用各种方法，对每一根具体的枝条要选择最佳的修剪方法，掌握修剪的"度"，不能过重或过轻，为翌年生长及开花结果奠定基础。

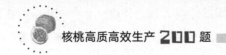

100. 如何进行缓放？

缓放就是对枝条不进行修剪，也称甩放或长放，是利用枝条生长势逐年减弱的特性，放任不剪以避免修剪刺激旺长的一种方法。其作用是缓和枝条生长势，增加中短枝数量，促进幼树、旺树早结果。一般情况下核桃枝条缓放后，翌年易萌发长势相近的数个小枝，这些小枝容易形成结果母枝，缓放非常有助于核桃树缓和树势，形成花芽。

缓放时因保留下的枝叶多，因此，母枝增粗显著，特别是背上旺枝极显著，容易越放越旺，出现树上长树的现象，因此，缓放的对象一般是生长平斜的中庸枝条，已经成花的结果枝及结构稳定的结果枝组也多用缓放的方法。旺枝，特别是背上旺枝不能缓放，若缓放必须配合拉枝、拧枝等方法改变枝条生长方向，并采取刻伤、环割（彩图25、彩图26）等措施，才能削弱枝势，促进花芽形成。要特别注意晚实核桃细弱枝缓放后多数只有顶芽萌发，腋芽萌发较少。

101. 如何进行拉枝？

拉枝是用绳子将开张角度小的枝条增大角度，绳子的一端绑在被拉枝的中上部的合适位置，一端固定在钉于地下的木桩上。一方面，木桩要深入地下30厘米左右，浅了容易被枝条拉起来；同时，拴在枝条上的绳子不能太靠近枝条梢头，以免把枝条拉弯成"弓"字形，正确的拉枝应保持枝条顺直生长，不弯不斜。另一方面，绳子在枝条上要缚成活扣，给枝条增粗生长留下空间，以防缢伤枝条；同时，拉枝用的绳子要结实牢固，能保证3个月以上不风化断开，以抗老化的塑料绳、布条等为佳，被拉枝条较粗时可用铁丝。除采用拉枝外，还可采用撑枝、吊枝、别枝等方法开张枝条角度。

102. 拉枝有哪些注意事项？

一般来说，核桃树拉枝以立秋前后进行效果最好，休眠期也可以进行拉枝，但是拉枝的效果不如生长季，在对一些从来没有拉过枝的大树进行修剪时，不管是什么季节都应该积极拉枝，将需要拉的枝条拉开角度。有些已经生长得很粗的枝条不能一次拉到位，就先拉开一些，待生长一段时间后再往开拉，拉总比不拉强，不拉则枝条永远是直立的，树冠郁闭难以成花。拉枝比较费工，不能强求一次把所有的树都拉完，但总是拉一些就少一些，拉了就有效果，甚至可以说不用动剪子，只拉枝就可以让现有的核桃产量提高50％以上，因此，生产中必须十分重视拉枝的工作。

拉枝时在地上钉桩太多会影响地面管理操作，因此，在拉枝时可以将拉绳固定在树干上，也可以用木棍在上部支撑。拉枝、撑枝用的木桩、木棍最好不用核桃的枝条，以降低病虫害侵染的机会。

103. 如何进行短截?

短截是指剪掉一年生枝条的一部分。通过短截的局部刺激作用可以改变枝条的顶端优势，促进侧芽萌发和生长，短截后的枝条会抽生若干分枝，促进骨干枝的健壮生长，使枝条合理地向上向外生长，以扩大树冠，增加结果部位。短截依据剪去的程度分为以下4种。

(1) 轻短截。只剪掉枝条上部1/4左右的枝段。剪口芽为枝条上部的饱满芽，一般多用于培养骨干枝而短截延长枝。轻短截后萌芽率提高，形成较多的长枝、中枝，成枝力提高，且单枝生长势强，轻短截有利于扩大树冠和枝条生长，增加尖削度。

(2) 中短截。在枝条中上部剪截，剪去枝长的1/3～1/2，剪后形成较多的中短枝，单枝生长势较弱，可缓和树势，但枝条萌芽率高。

(3) 重短截。在枝条中下部弱芽（半饱满芽）处剪截，一般剪口下只抽生1～2个旺枝或中枝，生长量较小，生长势较缓和，一般多用于培养结果枝组。

(4) 极重短截。在枝条基部1～2个瘪芽处剪截，截后一般萌发1～2个中庸枝，可降低枝位、缓和枝势，一般在生长中庸的树上应用较好，多用于竞争枝的处理和小枝组的培养。

晚实核桃的萌芽率、成枝力均较弱，树冠内枝条稀疏，无效空间较多，因此，需要适当多短截枝条，以促生分枝扩大树冠、充实内膛培养枝组、增加结果部位。剪口芽的位置会影响将来枝条的生长方

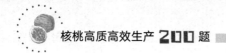

向，短截时要注意剪口芽的位置，一般的要求是留外芽、下芽，不留上芽。

104. 如何进行回缩?

回缩是对多年生枝的剪截，一般要在剪口处留一个合适的分枝做"带头枝"。回缩可减少树冠枝量，利于通风透光，回缩的作用因回缩的部位不同而异，一是复壮作用，二是抑制作用。复壮作用常用在两个方面：一是局部复壮，如回缩结果枝组、多年冗长枝等，对外围延长枝回缩可以更新复壮，促进后部分枝的生长，回缩常用于枝组复壮，防止结果部位外移，使结果枝组的营养集中供应；二是全树复壮，主要是衰老树回缩更新骨干枝。回缩对生长的促进作用与回缩程度，留枝强弱，留枝角度和伤口大小有关，如回缩留壮枝壮芽、角度小、剪锯口小则促进作用强，多用于骨干枝或结果枝组的培养和更新，是更新复壮的主要方法。回缩的抑制作用主要用在控制强旺辅养枝、过旺骨干枝，通过回缩留弱枝、平斜枝可缓和生长势，抑制生长，促进成花结果。晚实核桃背后下垂枝较多，常影响主枝、侧枝的生长，需要及时回缩加以控制，单轴枝组细长，结果部位外移容易衰弱，也需要及时回缩。

105. 如何进行疏枝?

疏枝是将无用的枝条自基部剪掉，疏枝后可改善树体的通风透光条件，有利于光合作用的进行。疏枝的对象主要是密挤枝、病虫枝、干枯枝、徒长枝、重叠枝、交叉枝、对生枝、背后枝等。疏枝能够削弱伤口以上枝条的生长势，增强伤口以下枝条的生长势，但对全树或被疏枝的大枝起削弱生长的作用。

核桃枝量少，在幼树期整形时要尽量少疏枝，但位置不合适、局部过密的枝条要坚决疏掉，强旺的树疏强枝、留中庸枝；衰弱的树疏弱枝、留壮枝。在疏枝时要注意分期分批进行，不可1次疏除过多，当1次必须疏掉2个相邻的枝条时，可先疏掉1个，另1个要留橛剪，等伤口愈合后再疏去所留的橛，防止造成对口伤和连口伤而削弱枝条生长势。春季抹芽、除萌和疏梢也是疏剪，抹芽、除萌就是抹除过多、过密的刚刚萌发的嫩芽，疏梢就是疏除过密的新梢，其作用与疏枝大致相同。

106. 核桃生长期修剪有哪些方法？

核桃生长期修剪是在春季萌芽之后至秋冬季节落叶之前进行的修剪，此时主要的任务是协调树体生长、花芽分化、果实生长等相互之间的矛盾。生长期使用的修剪方法有刻芽、抹芽、摘心、拧枝、剪梢、疏枝、回缩、拉枝、环剥等。修剪的主要目的是控制新梢旺长，缓和树势，抑制营养生产，促进成花和果实发育。

107. 如何进行刻芽？

刻芽的方法是用刀、钢锯等工具在芽的上方 0.5 厘米左右，横割枝条皮层，深达木质部，要求伤口长度不超过枝条半周，树皮要割断，可略伤及木质部，太深会使枝条折断，一般隔 3～5 个芽刻 1 个即可。对于拉平的枝条，背下芽在芽上方刻芽有利于芽的萌发，提高枝条萌芽率，背上芽在芽的后方刻，抑制芽的萌发，缓和生长势，促进形成中短枝，有利于成花。新栽幼树可根据整形的要求在需要枝条的位置刻芽，实现定向发枝，培养强健的主枝。对大树多年生光秃部位，找到隐芽部位刻芽，促进隐芽萌发，培养结果枝组，可增加结果部位，避免内膛空虚。

108. 如何进行抹芽？

抹芽是春季萌芽后将多余或位置不合适的嫩芽抹除。抹芽时直接用手将新芽掰掉即可，如果已长成较长的半木质化新梢则需用剪刀剪去（疏梢），防止将枝皮拉伤。相对于疏枝，抹芽的伤口小，对树体的损伤小，且抹芽时间早，浪费的养分少，可将节约的养分供应其他枝条生长。

109. 如何进行摘心？

生长季节将新梢顶端的幼嫩部分摘（剪）除称为摘心。摘心可抑制新梢顶端生长，促进枝条充实和侧芽萌发分枝，利于花芽形成和提高坐果率。核桃第一次摘心在 5 月底至 6 月上旬，待新梢长到 60～80 厘米进行，只摘掉枝条的嫩尖，摘心后的枝条可长出二次枝，有利于增加分枝。9 月中旬对 2～4 年生幼树上没有停止生长的新梢全部摘心，能够促进枝条充实，在北方地区有利于过冬防寒，减少抽条，使其安全越冬。对于树冠内部的长枝、直立旺枝和徒长枝，有空间时应及时摘心控制长度促进分枝，以培养成结果枝组。

110. 如何进行拧枝？

拧枝在夏季枝条生长旺盛时进行，用一只手固定好枝条基部，另一只手握住核桃枝条，相距 20～30 厘米，绕枝轴转一下，使枝条拧到"伤筋动骨"，在 1～3 年生旺枝上拧枝可缓和树势，促进花芽形成。短的枝条拧 1 次，长的枝条从基部开始每隔 20～30 厘米拧 1 次。如果枝条较硬，拧不动时可把被拧的枝条稍弯曲成横向时即可拧转，通过拧枝可以降低枝条生长角度，使木质部受到一定损伤，枝条运输能力下降，生长势变弱容易形成花芽。处理时间以 5 月底至 6 月初为佳，主要处理对象是背上枝、背下枝等生长旺盛的枝条，背上直立的新梢拧枝后可当年形成花芽，翌年开花结果。拧枝也称为转枝，拧枝时要小心，将木质部拧伤变软即可，不能拧断。

111. 如何进行环剥？

核桃花后环剥可提高坐果率，对促进核桃树的当年生枝条形成腋花芽效果明显，对生长旺盛的核桃树可以环剥，弱树不能环剥。环剥方法是用刀子在核桃树的主干上剥下宽度相当于其直径 1/10 的一圈树皮，然后用报纸条将剥口裹起来。核桃树环剥后伤口不易愈合，一般不进行环剥，确需环剥时要注意留下 2～3 厘米的营养通道不剥皮，为了保险起见可只环割而不剥皮。在泡核桃上有用纵向划破树皮（彩图 27）促进坐果的方法，也可以在普通核桃树上试用。

112. 核桃修剪时需要注意什么？

在修剪时要养成良好的修剪习惯，一是剪口平斜有度，不能过斜或过平；二是剪口位置距离剪口芽 1 厘米左右，不能过高或过低；三是剪口要平滑，不能有毛茬或撕皮现象；四是疏枝要留平茬（彩图28），不能留橛或伤口过大；五是较粗的枝条要用锯子，不能强行用剪刀剪，锯口要平整，防止劈裂枝条或损坏枝条，锯口涂愈合剂。

113. 核桃"留橛"的问题如何解决？

在秋季、冬季修剪时，许多修剪者为了防止剪口芽"抽干"，常常"留橛"修剪，疏枝时也喜欢"留橛"，特别是疏内膛大枝时喜欢"留橛"用作上树时的脚蹬子，这种做法是错误的（彩图29）。修剪时留下的"橛"上面没有生长点，会很快干枯死亡，成为病虫入侵的伤口，因此，冬季修剪留下的"橛"必须在夏季修剪时剪掉，再涂抹愈合剂促进伤口愈合，疏枝时最好不要留橛。

114. 修剪后如何进行伤口保护？

核桃修剪过程中常常会造成伤口，这些伤口一方面会散失大量的水分，另一方面是病菌入侵的通道，在冬季修剪时还从伤口流出"伤流液"，另外腐烂病、枝干害虫、大风刮折等也会造成树体伤口，过多的伤口会导致树体衰弱。因此，在修剪的时候，尽量减少伤口、加强伤口保护是十分必要的。

一是多动手、少动剪，多用拉枝、抹芽、摘心等方式控制生长势，尽量少剪枝、少锯枝。二是新造成的大伤口用愈合剂涂抹1～2次，小的剪口可以不涂，大的伤口一定要涂，加快伤口愈合。三是留保护桩，一般剪口距芽要留约1厘米的保护桩，防止因髓部失水影响剪口芽的生长，冬剪要长，夏剪宜短。锯大枝将形成对口伤时先锯除一个，另一个留保护桩锯除，等先锯除的伤口愈合后再锯除保护桩。保护桩一般可留20～30厘米长，枝粗长留，枝细短留，保护桩的伤口也要涂抹愈合剂。

115. 晚实核桃修剪要注意哪些？

晚实核桃不易成花，结果晚，坐果少，在修剪时要特别注意。

（1）调整骨干枝和外围枝。 晚实核桃随树龄增长树冠不断扩大，结实量增大，分枝逐年增多，大型骨干枝常出现下垂现象，外围枝伸展过长，下垂得更为严重。对于延伸过长、长势较弱的骨干枝，可在有斜向上生长侧枝的骨干枝前部进行回缩。对树冠外围过长的枝条可视情况进行回缩或疏除。

（2）**结果枝组的培养与更新修剪**。进入结果盛期后，除继续对结果枝组进行培养与利用外，还应进行复壮更新，保证其正常生长和结实，防止结果部位外移。其方法如下。对二年生、三年生的小枝组，采取去弱留强的办法，不断扩大营养面积并增加结果枝数量，当生长到一定大小、占满空间时，则应疏掉强枝、弱枝，保留中庸枝，促使形成较多的结果母枝；正常健壮的小枝组可不进行修剪，如果小枝组已无结果能力可一次疏除。对长势已弱的中型枝组，应利用回缩的方法加以复壮，促使枝组内的分枝交替结果。有些枝条长势过旺也可通过去强留壮加以控制。对于大型枝组要注意控制其高度和长度，以防"树上长树"。

（3）**辅养枝的利用和修剪**。凡着生在主、侧枝上能够补充空间，辅助主、侧枝生长的枝条，称为辅养枝。对辅养枝的修剪应掌握以下几点：辅养枝的去留应以有利于主、侧枝的生长为原则；辅养枝应小且短于邻近的主、侧枝；辅养枝长势过强时，应去强留壮，或者回缩到下部较弱分枝处；留作结果的辅养枝应占有一定的空间，可短截枝头改造成大、中型结果枝组，如果空间较大还可适当延伸，但不能影响主枝和各级侧枝的生长。辅养枝就是一个大型枝组，其地位要比主、侧枝低，当辅养枝的生长影响到主、侧枝的生长时，要坚决予以处理。

（4）**背下枝的处理**。晚实核桃的枝条普遍存在背下枝生长强旺和"夺头"现象。对背下枝要及时处理或剪除，如果背下枝长势中庸并已形成混合芽，可保留其结果；如果生长健壮，结果后可在适当部位回缩，将其培养成小型结果枝组。背下枝的生长势已经超过原头，原头衰弱时可用背下枝换头，将原带头枝疏除或改造成结果枝组。

（5）**徒长枝的利用**。进入结果盛期的晚实核桃树很少发生徒长枝，只有当各级骨干枝受到刺激才能由潜伏芽萌发出徒长枝，常造成树膛内部枝条紊乱。处理方法可视树冠内部枝条的分布情况而定，如果内膛枝条比较密集影响枝组正常生长时，可将徒长枝从基部剪除；

如果徒长枝附近空间较大，或其附近结果枝组已明显衰弱则可利用徒长枝培养成结果枝组。

116. 核桃有哪些树形？

核桃生产中的树形种类并不多，主要有疏散分层形、自然圆头形（彩图30）、小冠疏层形、纺锤形、开心形等。新栽密植核桃园应优先选用有中心干的树形，尽量不用开心形。培养树形时应注重拉枝、注意主枝的选留，生产中许多人不注意开张主枝角度，导致主枝生长直立，"下强上弱"，中心干生长弱无法带头，就简单地将中心干剪掉，从而把有中心干的树形改成开心树形，这种方法是不可取的。

117. 核桃园选择树形应考虑哪些因素？

选择树形时除考虑品种、栽培地的生态环境、管理水平等因素外，还必须考虑核桃园的株行距。株行距大时（行距6～8米）选用疏散分层形、小冠疏层形等树冠比较大的树形，株行距小时（行距4～5米）选择自由纺锤形、开心形等树冠比较小的树形，且注意树冠的高度和冠径大小，一方面树冠过高影响光照，树冠过大影响行间操作和通风，另一方面树冠过低、过小会浪费土地、浪费光热资源，降低产量。

视频5　核桃树形
选择和群体
结构特征

生产中的核桃树很多都是放任生长的，基本上是自然树形，不属于优质丰产树形，对这部分树要进行适当修剪，改造成结构合理的丰产树形。核桃生长势旺，枝叶量大，适用于苹果、梨等果树的圆柱形树形并不适用于核桃。

118. 核桃群体结构有何特征？

好的核桃园群体结构，基本要求是南北成行，大行距、小株距。一般核桃园每亩有中长枝5 500个以上，短枝9 500个以上，总枝量1.5万个，短枝占60%左右；叶面积系数保持在4左右；树冠各部位叶片所接受的相对光照度大于30%。密植园中枝条株间相连而不交叉，行内形成波浪式的连续叶幕，行间要有2米宽的作业道，能通行机械。

119. 核桃疏散分层形是什么样的？

核桃疏散分层形有中心干，树高 6.0～7.0 米，干高 1.0～2.0 米，主枝 6～7 个，分 3～4 层着生在中心干上，形成半圆形或圆锥形树冠。第一层主枝 3 个，基角 55°～65°，腰角 70°～80°，梢角 60°～70°，水平夹角 120°，主枝层内距 30～40 厘米。第二层主枝 2 个，水平方向与第一层主枝插空排列，层内距 20～30 厘米，基角 70°～80°。第三层主枝 1 个，水平方向上插第一层、第二层主枝的空。有的可以培养第四层主枝，1 个。第一层、第二层的层间距 1.5～2 米，第二层、第三层层间距 0.8～1.0 米。

疏散分层形要培养侧枝。第一层每个主枝留 3 个侧枝，第一侧枝距中心干 0.8～1.0 米，第二侧枝距第一侧枝 0.4～0.6 米，第三侧枝距第二侧枝 0.6～0.8 米。第二层主枝留 2 个侧枝，第一侧枝距离中心干 0.5～0.6 米，第二侧枝距离第一侧枝 0.6～0.8 米。第三层主枝培养 1～2 个侧枝。第一层主枝上的第一侧枝和第三侧枝在同一侧，第二侧枝在第一侧枝的相反一侧，着生位置在主枝的背斜侧为好，切忌留背后枝，侧枝与主枝的夹角以 45°～50°为宜。

120. 核桃疏散分层形的特点是什么？

疏散分层形的特点是树冠大，呈半圆形，通风透光良好，寿命长，枝条密，结果部位多，单株产量高，主枝和中心干结合牢固，负载量大，适合于土壤肥沃深厚、生长条件较好的地方，多用于晚实类型核桃品种。盛果期后树冠易郁闭，内膛易光秃，导致产量下降。

121. 疏散分层形是如何培养出来的？

以培养干高 1.0 米，冠径 6 米，有 3 层主枝的疏散分层形为例。

第一年栽植后对苗木重短截，在嫁接口以上剪留 10～20 厘米，萌芽后抹芽定梢，只留一条壮枝，待枝条长至 1.4 米时摘心，以促进枝条充实，如果第一年枝条生长高度不够，第二年继续在前一年的枝条上留 10～20 厘米重短截，一定要培养一个健壮的主干和中心干。

第二年定干，选留第一层主枝。定干高度为 1.2 米，定干后剪口下的第一个枝条继续保持垂直生长，培养中心干。配合刻芽，剪口下的第二个枝条为第二主枝，在第二主枝以下 40 厘米左右选择第一主枝，主枝在 8 月初拉至 55°～65°，两主枝之间的夹角为 120°，除中心干枝、主枝以外的其余枝条全部疏掉，大多数情况下第二年只能选留 2 个主枝，第一层三大主枝需要 2 年才能培养完。

第三年继续选留主枝，中心干枝剪留 60 厘米，发枝后选留第三主枝。对前一年留好的 2 个主枝各留 80～100 厘米短截，促发分枝，选留第一侧枝和结果枝组。

以后逐年按照目标树形的要求培养剩余的主枝、侧枝等结构，早实核桃 5～6 年时开始选留第二层的 2 个主枝，第二层的第一个主枝距离第一层的第三个主枝 1.5 米，层内距 20～30 厘米。以后根据生长情况选留第三层主枝 1 个，距离第二层主枝 1 米。

122. 核桃小冠疏层形是什么样的？

核桃小冠疏层形干高 0.8～1.2 米，树高 4～4.5 米，全树分 2～3 层，培养主枝 5～6 个，每主枝上着生侧枝 1～2 个，第一层间距 1～1.2 米，第二层间距 0.8～1 米，层内距 20 厘米左右。第一个侧枝距主枝基部的长度，晚实核桃 60～80 厘米，早实核桃 40～50 厘米，各侧枝在相应主枝的同一方向，避免交叉。小冠疏层形一般培养 3 层主枝，后期树冠郁闭需要落头开心时再去掉第三层主枝。

小冠疏层形是疏散分层形的缩小版，树体结构基本相同，只是主干低、树冠矮、主枝短、层间距小，适合中等密度的栽植，主要用于早实核桃品种。

123. 小冠疏层形是如何培养出来的？

以培养干高 0.8 米，冠径 3 米，有 3 层主枝的小冠疏层形为例。

第一年在嫁接口以上留 10～20 厘米重截干，发芽后选留一个枝条作为主干枝。

第二年定干，定干高度为 1.2 米，在 40 厘米的整形带内留剪口下第一枝为中心干枝，再选留 3 个不同

视频 6 核桃小冠疏层形的培养

方位、生长健壮的枝，培养为第一层的 3 个主枝，层内距离 20 厘米。当第一层的主枝确定后，除保留主枝和中央领导干延长枝外，其余枝、芽全部剪除或抹掉。秋季将主枝拉开角度，主枝基角为 70°～80°，水平夹角为 120°。

第三年春季萌芽前对中心干延长枝、主枝分别进行短截，促发分枝和延长生长，在主枝上距离基部 50 厘米左右处培养第一侧枝，其余部位培养结果枝组。

第四年对中心干延长枝短截，选留第二层主枝，一般为 2 个，距离第一层主枝 1～1.2 米。对长度达到 1.5 米以上的第一层主枝不再短截，而是通过刻芽促发分枝，培养结果枝组。开始适当留花结果。

早实核桃 5～6 年，晚实核桃 7～8 年生时，除继续培养各层主枝上的侧枝和结果枝组外，开始选留第三层主枝 1 个。第三层与第二层的间距 0.8～1.0 米，待第三层主枝培养完成后从最上 1 个主枝的上方落头开心，控制树高为 4～4.5 米。

在选留和培养主、侧枝的过程中，对晚实核桃要注意短截促其增加分枝，以便培养结果母枝和结果枝组。早实核桃要控制和利用好二次枝，防止结果部位外移，同时还要及时剪除主干、主枝、侧枝上的过密枝、重叠枝、细弱枝和病虫枝等。

124. 核桃自由纺锤形是什么样的？

核桃自由纺锤形干高 0.6～1.0 米，树高 3.0～4.0 米，主枝 10～15 个，开张角度 80°～90°，主枝在中心干上螺旋排列，间距 20 厘米左右，同一方向的主枝上下相距 1 米以上（彩图 31）。冠径 2～4 米，下层枝大于上层枝，树冠下大上小，像纺锤一样。注意主枝开张角度时既要打开基角，也要打开腰角和梢角，避免外围枝条抱头生长，在主枝上培养中小型结果枝组，枝组占据空间较大的要及时回缩。自由纺锤形树冠整齐一致，主枝平展，通风透光条件良好。中心干上除主枝外可保留小型枝组，以缓解日灼现象的发生。

125. 自由纺锤形是如何培养出来的？

以培养冠径 2 米，干高 0.6 米的纺锤形为例。

第一年，当年定植或前一年秋季栽植的苗木在萌芽前重截主干，剪留10～20厘米，发芽后及时抹芽除萌，留一个长势最壮的枝条，8月底后长到1.2米时摘心控长，促进枝条充实。

第二年，萌芽前在1.0米处定干，萌芽后在主干高度以上的整形带（40厘米）内选留方位、距离合适的枝条做中心干延长枝和主枝，剪口下的第一个枝条直立生长，作为中心干延长枝培养，选留3个主枝，间距20厘米，将其余的枝条疏除，7月下旬后主枝长度达到1米的可以拉枝，开张角度至90°，控制枝条旺长，长度不够1米的暂时不拉。如果配合刻芽定向发枝技术，效果会更好。

第三年，萌芽前中心干延长枝短截，留70～80厘米，选择培养3～4个枝条做主枝。对前一年长度达到1米的主枝甩放不剪，通过刻芽促发分枝，培养结果枝组；第一年长度不够1米的枝条基部留2～3个芽重短截，发芽后留一个枝条培养成主枝。生长季节要注意及时疏除剪口的萌枝和多余枝条，主枝上的枝条通过拿枝、拧梢等方式控制其生长，促进成花。7—8月对长度达到1米的主枝拉枝开张角度，控制新梢的后期旺长。

第四年，继续短截中心干延长枝，继续培养3～4个主枝，在已经培养好的主枝上培养结果枝组，在第二年选留的主枝上，可适当留果，以果控冠。

第五年、第六年，修剪基本同第四年，经过5～6年的培养，树形基本形成。

如果株距大于2米，行距大于4米时，核桃的树冠也要相应地变大，培养自由纺锤形时要对主枝进行短截，使其适当延长，并且主枝角度保持在80°～90°为宜。

126. 培养纺锤形树形的注意事项有哪些？

（1）培养一个健壮的中心干。干强枝弱，干弱枝强，中心干不强壮，骨干枝易返旺，导致树形难以培养和维持。中心干的粗度是主枝粗度的2～5倍，主枝生长较粗时要疏除或回缩，培养新的主枝。

（2）核桃长势较旺，干性中庸，易抱头生长，培养纺锤形，开张角度是关键。骨干枝角度一定要拉开，并根据纺锤的"胖瘦"，来调整骨干枝的基部角度（骨干枝和中心干的夹角），纺锤越"瘦"，夹角越大。主枝开张角度大，生长就缓和，才能保持中心干粗壮。

（3）必须有效控制骨干枝的腰角和梢角，防止骨干枝返旺。

（4）纺锤形的培养以夏季修剪为主，冬季修剪为辅，重点工作是拉枝开角。

（5）根据立地条件管理水平和树势状况，配合使用多效唑调控树势。

127. 核桃开心形是什么样的？

核桃开心形无中心干，树高 3～5 米，冠径 2～4 米，主干高 0.6～1.0 米，主枝 3 个（也有 4～5 个的），角度自然开张，50°左右，主枝间水平夹角为 120°。每主枝选留 2～3 个侧枝，同一级侧枝要同向配置，第一侧枝距离基部 0.8～1.0 米，以后侧枝间的距离，依次为 0.5～0.8 米和 1.0 米左右，在主枝和侧枝上培养结果枝组，使其充分利用空间，尽快成形。

开心形的特点是没有中心干，光照好，成形快，结果早，整形容易，便于掌握。适用于土层较薄，土质较差，肥水条件不良的地区，适用于树姿开张的早实类型品种。

128. 开心形是如何培养出来的？

以培养干高 0.6 米，冠径 4 米，有 3 个主枝的开心形为例。

第一年定干高度为 0.8～1.0 米，然后选留 3 个方位合适的枝条做主枝，不需要考虑主枝在中心干上的着生距离，7 月底至 8 月初适当拉枝，开张角度为 50°左右，弱枝角度稍小，强枝角度稍大，调节枝条生长势，同时调整枝条间水平夹角为 120°。

第二年萌芽前 3 主枝各剪留 80～100 厘米，弱枝剪得重一些，留壮芽；强枝剪得轻一些，留弱芽，保持主枝间平衡发展。从距主枝基部 20～30 厘米处开始，每隔 20～30 厘米刻一个芽，主枝前端 1/3 左右不用刻，对于背上萌发的新梢，长度达到 30～40 厘米时留 10～15 厘米短截，以促发短枝，培养结果枝组。两侧的新梢生长中庸的不摘心，过旺的进行摘心，距离基部 0.8～1.0 米处选留一个侧枝，注意侧枝不能选背下枝。

第三年各主枝延长头剪留 70～80 厘米，由下至上每间隔 20～30 厘米插空刻一个侧生的芽，在距离第一侧枝 0.5～0.8 米处的对侧选留第二侧枝。对第二年留下的侧枝轻短截，促发分枝，留做枝组的枝条不短截，甩放成花。

第四年开始各主枝延长头不再短截，各枝条均缓放促发短枝，成花结果。每主枝上培养成 8～10 个大型枝组。

培养三大主枝开心形时，要注意主枝在行间的分布要均衡，即 1、3、5 等单数株的两个主枝与 2、4、6 等双数株的一个主枝在同一侧，避免出现连续两株的 4 个主枝相向而生的情况。

129. 核桃树干高如何确定?

树干高低对生长结果、树体管理、间作物管理等影响很大，核桃树整形修剪时存在定干过高或过低的问题，几十年生的大树主干太高，而新栽小树往往主干太低。以往主干高的原因主要是这些树作为"林粮间作"或者孤植树，种植在地塄边，要保证间作物的生长。而现在新建的核桃园，往往是以核桃为主的密植园，大多数的品种是早实类型，结果早，最容易出现主干过低的问题。

高干的特点是根与冠间距大，树冠体积小，无效消耗增多，生长势比较缓和，容易上强，便于树下地面管理，主干过高增加树上管理难度，但下部通透性好。矮干的特点是树冠体积大，生长势较强，易下强，便于树冠管理，不利于地面管理，结果后枝条易下垂拖地，通风不良。核桃的主干定多高合适，需要具体分析。

第一，考虑栽植密度及整形方式。稀植大冠宜高，矮化密植干宜矮，疏散分层形宜矮，纺锤形宜高。行道树、农林间作、防护林带及房前屋后散种的核桃，主干高 1.2～2.0 米，成片栽植的核桃主干高 0.6～1.0 米。

第二，考虑主枝角度。主枝角度大，干宜高；主枝角度小，干宜矮。

第三，考虑气候条件。高纬度气候寒冷，干宜矮；低纬度气候温和，干可高。

第四，考虑立地条件。山地、丘陵地、贫瘠土壤、高海拔干宜矮；平地、低洼地、肥沃土壤、低海拔干宜高。平地密植栽培时早实品种主干高 0.4～0.7 米，晚实品种主干高 1.2～2 米；山地栽培时早实核桃干高 0.5～1.2 米，晚实核桃主干高 1～1.2 米。

另外，需要进行林粮间作时干宜高，考虑将来用材时干宜高。

130. 核桃如何确定定干高度？

"定干高度"与"干高"是两个不同的概念。干高指的是树形结构指标中主干的高度，而定干高度是"干高＋整形带"的高度，整形带常用的剪留长度是 20 厘米。

习惯的整形带剪留长度为 20 厘米，其实这并不是一个合适的长度，按照这个长度去留，选留主枝时容易出问题。定干的目的之一是选留主枝，按照 20 厘米的整形带选留，到翌年春季修剪时只能留 2 个主枝，而生产中大多数会留 3 个主枝，甚至有留 4 个主枝的，这个留法不符合主枝间距 20 厘米的要求，且第一年发生的枝条常形成轮生现象，往往造成主枝间距过近、掐脖、第一层主枝生长过旺等一系列问题。同样以 60 厘米作为干高，改进的方案有 2 个，一种方案是留 20 厘米的整形带，发芽后留 3 个枝条，1 个做中心干，2 个做主枝，主枝间距离 20 厘米；另一种方案是留 40 厘米的整形带，通过刻芽，选留 4 个枝条，最上面的 1 个枝条做中心干，下面的 3 个枝条做主枝，主枝间距离 20 厘米，这种方法可在早实核桃品种上试验后推广应用。当苗木比较粗壮，计划做纺锤形整枝时，整形带可以留得长一些，通过刻芽、抹芽后可选留 3～5 个主枝。

131. 核桃树如何培养结果枝组？

结果枝组是核桃树结果的部位，在培养树形骨干枝的同时要兼顾培养各类型的结果枝组。结果枝组的培养方法有以下几种：一是着生在骨干枝上的大中型分枝，经回缩后改造成大中型结果枝组；二是利用有分枝的强壮发育枝，采取去强留壮、去直留平的修剪方法，培养成中小型结果枝组；三是利用部分长势中庸枝条缓放后培养成结果枝组；四是在树冠内选留健壮枝条或者是徒

视频 7　核桃树结果枝组的培养

长枝回缩促壮，促生更多的分枝，扩大结果面积，且使结果枝组均匀分布在树冠内。由于核桃树的叶片比较大，遮光严重，大中型枝组枝轴间应保持60～100厘米的距离，枝组间互不遮阳，以利于接受光照。

为防止结果部位外移，应不断更新枝组。多数的结果枝组用壮枝带头继续发展，空间较小的可以去直留斜，缩剪到向侧面生长的分枝上，引向两侧生长，缓和生长势。背上枝组可重回缩促其斜生，压低为小枝组（彩图32、彩图33）。长势弱的枝组和下垂的枝组，要去弱留强、去老留新，抬高枝角，使其复壮。对有碍主、侧枝生长，影响通风透光的枝组进行回缩避让，过密的可以疏除。大型枝组水平延伸过长、后部出现光秃时，应回缩短截到3～4年生的中庸健壮分枝处。

结果枝组连续数年结果后，树势逐渐衰弱或因逐年向前延伸使枝组光秃，故必须进行回缩复壮。对小型结果枝组应去弱留强，使之不断扩大营养面积，当枝条丰满时去强枝留中庸枝，促使形成较多的粗壮结果母枝，以提高结果能力；对密挤细弱枝条应进行疏间，减少养分消耗，改善通风透光条件，促进由弱转壮形成结果母枝。

132. 核桃营养枝如何修剪？

核桃营养枝的修剪多以缓放或轻剪为宜，以促进其转变为结果母枝，对直立枝条进行拉枝或拧枝等处理，目的是缓和生长势，增加分枝数量，促进花芽形成。对于树冠内的健壮发育枝，可用去直留斜、先放后缩的办法培养成中小型枝组。生长势较弱枝组应去弱留壮、去老留新，进行更新复壮。短截营养枝时，短截数量以总枝量的1/3左右为宜，以中轻度短截为好，以促进分枝。切勿枝枝过剪，刺激枝条旺长。

133. 核桃徒长枝如何修剪？

内膛萌生的徒长枝生长势强，处理不及时会扰乱树形甚至"树上长树"，影响光照，消耗养分。若处理及时且控制得当，可利用徒长枝培养结果枝组，充实内膛，补充空间，增加结果部位。衰老树上还可利用徒长枝培养成结果母枝，更换主、侧枝，使老树更新复壮。对扰乱树形的徒长枝应及早疏除。对于树冠内膛枝条量足够的可在初萌生时将徒长枝从基部剪去；内膛空虚部分的徒长枝可依着生位置和长势强弱在枝长 1/3～1/2 的饱满芽处短截，2～3 年即可形成结果枝组，增补空隙扩大结果范围，达到立体结果的目的。早实核桃徒长枝较多，基部潜伏芽萌发后长成徒长枝，翌年就能抽生结果枝，最多可达 30 余个，结果枝长势由顶部向基部逐渐减弱，枝条变短，最短的都看不到枝条，只能看到雌花，生长很弱（彩图 34）。因此，早实类型核桃树上的徒长枝可以很容易地培养成结果枝组而加以利用，在修剪时以开张角度为主，尽量不直接疏除。

134. 核桃二次枝如何修剪？

核桃二次枝是早实核桃结果的同时又抽生的枝条，二次枝就是果台副梢，健壮的二次枝可以形成花芽连续结果（彩图 35、彩图 36）。生长旺盛的二次枝需要在夏季摘心或者从基部疏除。对于只长 1 个二次枝的，可夏季摘心或剪梢，促其木质化，2 个二次枝的要疏掉 1 个，摘心 1 个，结果枝上发生的多个二次枝要留壮除弱，从基部疏除一部分。

135. 核桃结果母枝如何修剪？

核桃结果母枝的顶芽是混合花芽，一般不可短截，特别是晚实类型核桃腋花芽少，剪掉结果母枝顶端也就将花芽都剪掉了，因此，一般只疏去密生的细弱枝、枯枝、病虫枝、重叠枝，保留充实健壮的结果母枝，使树冠内通风透光。早实类型核桃结果母枝的腋花芽较多，当结果母枝较长时适当短截，可以缩短枝轴，还有疏花的效果。

136. 核桃延长枝如何修剪？

树冠外围主枝抽生的一年生延长枝，当需要扩大树冠和增加分枝时可在顶芽下 2～3 芽处进行短截，如顶部芽不充实可在枝条中部饱满芽处剪截，以扩大树冠和增加结果部位。当树冠扩大到目标大小时就不再短截延长枝，而是要缓放让其成花结果。当树冠过大造成株间甚至行间密挤时，还要回缩延长枝。

137. 核桃背下枝该如何处理？

核桃背下枝生长势会出现超过原枝头的趋势，形成"倒拉枝"现象，背下枝的修剪要根据其生长势情况区别对待，如果背下枝与原头长势相似，则应及早疏除背下枝；如果背下枝粗壮、生长势已超过原头而且角度合适，可以用背下枝换头；如果背下枝长势中庸或弱并已形成花芽，可保留结果，还可在分枝处回缩培养成小型结果枝组。

138. 核桃如何进行春季修剪？

春季是核桃树结束休眠，开始进入生长季节的关键时期，此期修剪的主要任务是刻芽、掰顶芽、疏萌蘖、抹芽、定梢等，对于新栽幼树和栽后翌年的树还要进行定干，有一些冬季修剪也在春季完成。

（1）2月（休眠期）。树体还未萌芽，但此时根系已经开始活动，树液流动加快，容易产生伤流，此时是进行冬季修剪的主要时期，对幼龄树，以选留主枝、拉枝、及培养树形为主；对盛果期树，以疏除病虫枝、过密枝、重叠枝、下垂枝为主。

（2）3月（萌芽前）。3月下旬雄花芽开始膨大，混合芽和叶芽芽体开始松动。3月上中旬继续进行冬季修剪，下旬对夏季准备嫁接的实生苗进行剪砧，方法是将一年生实生苗在距离地面1～2厘米处剪除。土壤解冻后开始栽植建园，一直持续到苗木发芽前，大面积建园或从比较暖和的地方调入苗木时，可以将树苗放在冷库中推迟发芽，延长栽植建园时间。

（3）4月（萌芽、开花、展叶期）。整形期的幼树通过抹芽或刻芽等方式减少或促进芽的萌发，对长势旺的枝条开张角度、掰除顶芽，缓和生长势。已成形的大树要根据具体情况因树修剪，通过拉枝缓和生长势，短截增强长势，也可以通过疏花疏果来调节长势，早实品种可通过短截结果母枝来调节结果量。树龄在10年左右、结果少或不结果、产量低的树，或果实品质差的核桃树，萌芽前后结合树形改造疏缩大枝，准备进行高接换优。

雄花芽膨大期，可疏除90%左右的雄花芽（中下部多疏，上部少疏），雌花开放后采用人工辅助授粉，提高坐果率。萌芽开花期要特别注意预防晚霜危害，在萌芽前或霜冻来临前灌1次水，或树干涂白，可延迟枝条发芽时间，花期要注意收听天气预报，在霜冻来临之前，晚上12时至凌晨在园内点火熏烟增温。

栽植后抽条干死的树春季萌发时会萌发多个枝条，待枝条长至10～20厘米时，选留1个长势最好的，其余的要及时抹除。在这个过程中要注意检查枝条是从嫁接部位以上萌发还是从嫁接口以下萌发，如果是从嫁接口以下萌发的要做好标记，在6月初进行嫁接。

139. 核桃如何进行夏季修剪？

夏季修剪也称新梢旺长期修剪，核桃夏季修剪对幼树和初果期树尤为重要，合理的修剪能使树冠结构良好，通风透光，保证树体健壮生长，促进早花早果，通过修剪维持营养生长和开花结果的平衡，为丰产、稳产奠定基础。核桃夏季修剪以5月下旬至6月底完成为最佳。夏季修剪常用的方法有摘心、拧枝、剪梢、疏枝、回缩、拉枝等。

(1) 5月（果实膨大期）。从5月中旬开始，可疏除过密枝、短截旺盛发育枝和幼树延长枝等，以增加枝量培养结果枝组，尽快扩大树冠，通过疏果来调整生长势。早实核桃萌芽率高，成枝力强，枝条生长旺盛，因此，要注意多进行夏季摘心或者短截，促进枝条充实，防止枝条过长。对计划高接的树进行抹芽定梢，疏去无用的枝条。

(2) 6月（硬核期、花芽分化期）。对没有停止生长的旺盛枝条进行摘心以充实枝条，并促进分枝。在萌出的新枝下部用芽接的方法高接换优更换新品种，接穗要随采随接，避免长距离运输，接口以上砧梢留1～2片复叶后剪去。注意开张枝条角度，此时容易观察树冠郁闭情况，可根据情况采用开张枝条角度、疏枝等方法解决通风透光问题。

(3) 7月（种仁充实期）。嫁接后的管理，及时去除萌蘗，当接芽长到20～30厘米时解除绑缚物，并要用木棍加固新梢防止被风刮折，并注意调节枝条的开张角度。7月底开始对幼树、初果期树的当年生新梢进行拉枝以开张角度，缓和生长势。

140. 核桃如何进行秋季修剪？

秋季修剪的主要任务是抑制枝条徒长，采用的修剪方法主要是拉枝、摘心等。同时要控肥控水，使其生长势缓和，促进枝条充实并安全越冬，也有利于花芽分化。

（1）8月（果实成熟前期）。8月上旬继续进行拉枝。8月底摘心可促进枝条充实。枝条充实是幼树安全越冬的基础之一，这一措施在幼树管理方面很重要，幼树易旺长，到落叶时也不停长，枝条先端来不及木质化，其枝条组织幼嫩、水分很多，春季容易"抽梢""干梢"。

（2）9月（核桃采收期）。9月初对未停长的枝条继续摘心，以充实枝条，减少越冬抽条。本月最重要的工作是采收果实，一般在白露以后部分青皮开裂时采收，采收后及时脱青皮、漂洗、干燥。核桃各品种的成熟期不一致要分期采收。

（3）10月（落叶前期）。采果后进行秋季修剪，但修剪量不宜过大，对初果和盛果期树主要是疏除影响树体结构的大枝、下垂枝、干枯枝、病虫枝等，达到外不挤、内不空的效果。

141. 核桃如何进行冬季修剪？

冬季修剪既影响翌年核桃开花坐果、树体生长、产量高低甚至品质的好坏，又关系到越冬病虫害的发生程度，因此，必须仔细抓好每一个技术环节。核桃树冬季修剪主要任务有4点。

一是根据栽植密度确定合理的树形，调整树体结构，做到大枝分布均匀、枝占满行、骨架牢固、整体通风透光。在此基础上大枝越少越好，级次要少，过多的大枝要果断去掉，特别是影响树体结构的大枝要及早疏除。

视频8　核桃树
冬季修剪

二是均衡树势，保持各主枝间生长势基本平衡。各类枝条生长势的基本标准是中心干比主枝强，主枝比侧枝强，侧枝比枝组强；第一层主枝比第二层主枝强，第二层比第三层强。平衡树势的方法是"势弱留高、势强留低"，即生长势弱的主枝抬高枝头角度，换斜向上枝带头，生长势强的主枝压低枝头角度，用平斜枝带头，调节树体各部分营养均衡。

三是调节负载量。冬季修剪时可根据树势修剪掉一部分结果母枝，根据枝条强壮程度选留结果母枝，枝条壮的多留结果母枝，中庸

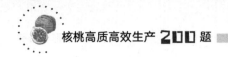

偏弱的少留结果母枝，枝条弱的不留结果母枝。花芽多时可适当多疏，花芽少时要尽量保留。

四是结果枝组及时局部更新复壮。早实核桃连续结果 3～5 年、晚实核桃连续结果 4～6 年后，结果母枝由于分枝级次过多而变得非常细弱，结果能力降低，此时需进行枝组的更新复壮，主枝弱时也要对主枝进行更新，留好预备枝。

（1）11 月（落叶后期）。11 月刚落叶后是核桃伤流高峰期，一般不进行修剪。

（2）12 月至翌年 1 月（休眠期）。核桃大树要进行冬季修剪，只要避开伤流高峰期，冬季修剪好处多多。小树根系较少，吸收能力差，一般不进行冬季修剪，风大易抽条的地方也不进行冬季修剪。

142. 核桃幼树期如何修剪？

生产中核桃幼树期是从苗木定植开始到结果初期的一段时间，早实核桃为 2～3 年，晚实核桃为 3～5 年。核桃幼树阶段生长较快，如果任其自然生长，不易形成具有丰产结构的良好树形。幼树期的修剪任务主要是培养树形，加速扩大树冠，促进分枝，形成各类枝组提早结果。培养树形的过程其实就是按照目标树形的结构指标培养主干、中心干、主枝、侧枝和枝组等的过程。早实核桃栽植后的头 3 年要疏掉所有的果实，以尽快完成树形培养，扩大树冠。

核桃幼树阶段营养生长旺盛，枝梢生长迅速，树冠逐年扩大（彩图 37），此时修剪要注意培养主干，留好主枝，保留辅养枝，及时疏剪密挤枝、徒长枝、细弱枝，树冠内多留结果枝，整形修剪一定要结合拉枝进行，密植树以拉枝为主、修剪为辅，既保证主枝分布均匀、生长匀称，还要让主枝开张，树冠层次分明、通透、不偏冠，保证树冠均衡发展，逐步培养成结果体积大的丰满树形。对非骨干枝加以控制或缓放，促进其提早开花结果。

（1）**控制二次枝**。过旺过密时疏除，对选留者在夏季摘心，促其尽早木质化，可加快整形过程。

（2）**利用徒长枝**。通过夏季摘心或短截，促使其中下部分枝生长健壮，培养成结果枝组。

(3) 缓放营养枝。以不剪或轻剪为宜，多拧枝或拉枝开张其角度，控制旺长。

(4) 处理好背下枝。背下枝不需要留的一般要及早剪除；对已经留下的背下枝，母枝头弱时，可用背下枝替代原枝头，而剪除原枝头；背下枝长势中庸已形成混合花芽时，做结果枝组，控制生长。

(5) 疏除过密枝。整形过程中出现局部密挤时，要适当疏除密挤枝。

143. 核桃初果期如何修剪？

早实核桃栽植后 3～5 年开始留果，进入初果期，初果期的树仍然生长旺盛，树冠继续扩大，树形还未培养完成，结果逐年增多（彩图 38）。这时要继续培养树形，适当兼顾结果，在中心干和主枝上培养小型结果枝组，对结果枝组内的分枝去强留壮，保持中心干、主枝、侧枝的生长优势。修剪的主要内容是：一方面，继续培养主、侧枝，调整各级骨干枝的生长势，使骨架牢固，长势均衡，树冠圆满，准备负担更多的产量；另一方面，应在不影响骨干枝生长的前提下，充分利用辅养枝早结果、早丰产。

晚实核桃进入初果期较晚，一般为 4～6 年。修剪时以拉枝、甩放为主，促进成花，尽量少疏枝，特别要注意及时开张角度。

144. 核桃盛果期如何修剪？

结果盛期核桃树的修剪应根据品种特性、栽培方式、栽培条件和树势发育状况的不同采取相应的修剪措施（彩图 39）。

核桃定植后早实核桃 8～10 年，晚实核桃 15 年左右进入盛果期，核桃盛果期较长，可达数十年。此时核桃树冠停止扩大并逐渐开张，大多接近郁闭或已经郁闭，产量逐年上升，结果部位外移，部分小枝开始枯死，出现隔年结果现象。这一时期修剪的主要任务是：加强综合管理，保持树体健壮，维持各级骨干枝的从属关系，平衡树势，调节生长与结果的关系，改善树冠内的通风透光条件，防止结果部位外移，及时培养与更新结果枝组，乃至更新部分衰弱的骨干枝，以维持较高而稳定的产量，延长盛果期年限。

视频 9　核桃树盛果期修剪

　　树形培养完成后，树高达到一定的高度可逐年落头去顶，用最上层主枝代替树头。刚开始进入盛果期，各主枝还继续扩大生长，仍需培养各级骨干枝，及时处理背后枝，保持枝头长势。当相邻树树冠相接时，可疏剪外围，转枝换头。先端衰弱下垂时，应及时回缩抬高角度，复壮枝头。盛果期大树的外围枝大部分成为结果枝，由于连年分生，常出现密挤枝、干枯枝和病虫枝，应及早从基部疏除。通过这样处理可改善内膛光照条件，做到"外围不挤、内膛不空"。

　　结果枝组是盛果期大树结果的主要部位，因而结果枝组应该在初果期即着手培养和选择，以后主要是枝组的调整和复壮。树冠内的大型枝组水平延伸过长后部出现光秃时，应回缩到3～4年生的分枝处，以促进后部萌发新枝，更新结果枝组。

145. 核桃衰老期如何修剪？

　　在通常情况下，早实核桃40～60年、晚实核桃80～100年以后进入衰老阶段，常出现大枝枯死，树冠缩小，主干腐朽，结实量减少，内膛容易产生徒长枝，开始自然更新等现象（彩图40）。衰老树修剪的任务是在加强土肥水管理和树体保护的基础上，有计划地进行骨干枝更新，形成新的树冠，恢复树势，以保持一定的产量，并延长其经济寿命。因树制宜对老弱枝进行重回缩，充分利用徒长枝更新复壮树冠，对新发枝及早整形，彻底清除病虫枝，更新复壮、防止新发枝郁闭早衰、防病虫害，保持健壮、延长经济寿命，保证收益，另外应多疏除雄花序，以节约养分，增强树势。

　　（1）树冠更新。将主枝全部锯掉，使其隐芽萌发并培养新主枝。具体做法有两种情况：其一，对于主干过高的植株可从主干的适当部位将树冠全部锯掉，在锯口附近选留2～4个方向合适、生长健壮的枝条培养成主枝、中心干枝；其二，对于主干高度适宜的开心形植株可在每个主枝的基部锯掉，如果是主干形，可从第一层主枝的基部将树冠锯掉，使其在锯口附近发枝。

　　（2）主枝更新。将主枝在基部进行回缩，使其形成新的主枝。具体做法是：选择健壮的主枝保留20～30厘米，其余部分锯掉，使其在锯口附近发枝，发枝后每个主枝上选留1个健壮的枝条培养成为新主枝，在新主枝上培养结果枝组。

（3）枝组更新。对于主枝结构合理的大树，更新时可保留原有主枝，仅将枝组留基部5～20厘米进行回缩，待萌发更新后培养成新的枝组。

衰老期树更新修剪时要特别注意伤口保护，认真涂刷愈合剂促进伤口愈合，防止病害通过剪锯口传染蔓延。

146. 放任核桃树如何进行修剪？

放任生长的核桃树树形多种多样，应本着"因树修剪、随枝作形"的原则，根据情况区别对待，在改造过程中要依据原有树形确定改造目标，中心干明显的树改造为主干疏层形，中心干很弱或无中心干的树改造为开心形。

视频10　放任核桃树修剪

（1）大枝的选留。核桃中心干上着生的大枝就是其主枝，大枝过多是一般放任生长树的主要矛盾，应该首先解决好。修剪时要对树体进行全面分析、通盘考虑，重点疏除密挤的重叠枝、并生枝、交叉枝和病虫危害枝。主干疏层形留5～7个主枝，开心形可选留3～4个主枝。为避免1次疏除大枝过多，可以对一部分交叉重叠的大枝先行回缩，分年处理。实践证明，40年生的大树只要不是疏除过多的大枝，一般不会影响树势。相反由于减少了养分消耗，改善了光照，树势得以较快复壮，去掉一些大枝，虽然当时显得空一些，但内膛枝组很快占满，可实现立体结果。对于较旺的壮龄树则应分年疏除，否则易引起长势更旺。

按照主枝开张角度的要求，对开张角度过大的采取木杆支撑或用绳子上拉缩小角度；角度小的采用木杈由中心干往外撑或用绳子向下拉扩大开张角度。偏冠但已经结果的大树，原则上整形修剪与结果兼顾，在设计好树形的基础上，对偏冠突出的部位进行逐年回缩，相对偏小的一面通过修剪培养扩展冠幅，达到边结果、边矫正树冠的目的。主枝开张角度较小，生长健壮且撑、拉困难的回缩主枝，保留外侧枝培养主枝；主枝角度过大，但背上枝强壮的回缩主枝，保留背上枝做延长枝培养主枝。长势超过主枝的侧枝，造成主次不分，影响树形，导致枝条密集或早衰，修剪时选择发展空间较大的大枝作为主枝，其余大枝逐年回缩。

(2) 中型枝的处理。大枝疏除后总体上大大改善了通风透光条件，为复壮树势充实内膛创造了条件，但局部仍显得密挤，处理时要选留一定数量的侧枝，其余枝条采取疏间和回缩相结合的方法。中型枝处理原则是多疏除大枝，少疏除中型枝，要去掉的中型枝可1次疏除，有空间的可以改为小型枝组。

(3) 外围枝的调整。对于冗长细弱、下垂枝，必须适度回缩，抬高角度，衰老树的外围枝大部分是中短果枝和雄花枝，应适当疏间和回缩，用粗壮的枝带头。

(4) 结果枝组的调整。当树体营养、通风透光条件得到改善后，结果枝组有了复壮的机会，这时应对结果枝组进行调整，其原则是根据树体结构，空间大小，枝组类型（大型、中型、小型）和枝组的生长势来确定。对于枝组过多的树，要选留生长健壮的枝组，疏除衰弱的枝组，有空间的要让其继续发展，空间小的可适当回缩。

利用内膛徒长枝进行改造，培养内膛结果枝组。据调查，改造修剪后的大树内膛结实率可达 34.5%。培养结果枝组常用两种方法：一是先放后缩，即对中庸徒长枝第一年放，翌年缩剪，将枝组引向两侧；二是先截后放，对中庸徒长枝先短截，促进分枝，然后长放。第一年留5个芽重短截，翌年疏除直立旺长枝，用较弱枝当头缓放，促其成花结果。这种方法培养的枝组枝轴较多，结果能力强，寿命长。

147. 如何进行核桃蜡封接穗？

春季枝接前采用蜡封接穗技术可大大提高成活率，也能减少嫁接时对接穗的保护操作，提高嫁接速度。蜡封接穗一般在嫁接前进行，将市售的工业石蜡放入一个敞口容器（铝锅、铁锅均可）中，用火加热将石蜡化开，在蜡液中插入一支温度计，不能让温度计直接与锅壁接触。蜡液熔化后，控制蜡液的温度为 100～130℃，将接穗剪成10～20厘米长，放入蜡液中迅速蘸一下，甩掉表面多余的蜡液，使整个接穗表面粘被一层薄而均匀透明的蜡膜。少量的接穗可用镊子、夹子或筷子等夹住接穗一个一个地蘸，夹住的接穗保持水平状，整条接穗同时入蜡、同时出蜡。大量接穗用金属丝制的笊篱，用笊篱时一次可处理 10～20 支接穗，不可太多，过多的接穗堆在一起会使堆内部蜡温过低。具体操作方法是：在笊篱中散列接穗，迅速淹入蜡液，瞬间即把笊篱移出，掂几下使部分蜡液掉回锅内，转手稍用力甩在铺有塑料布的地上，使接穗四处散落，而不堆在一处，以利散热，且接穗不会黏结在一起。注意蜡的温度不能过高或过低。温度过高容易将接穗烫死，这时可将容器撤离热源降温。温度过低，接穗上的蜡层过厚，容易龟裂脱落，需重新加热。另一种石蜡熔化法是在容器中加入少量的水，利用水来间接加热，控制蜡液的温度不超过 100℃，这样可保护接穗不被烫伤，但由于温度较低，蜡封的效果不如直接用火加热。刚蜡封好的接穗不要堆在一起，要让其尽快冷却。

148. 什么样的核桃树需要高接换优？

对原有坚果品质较差，迟迟不结果的核桃大树，以及品种杂乱的核桃园，采取高接的方式可快速更换品种，及早恢复树冠，恢复产量，是生产中常用的方法。核桃树高接换优可采用枝接和芽接两种方法。枝接包括劈接、插皮舌接、插皮接等，芽接主要是方块形芽接，在芽接前要对大树进行回缩净干处理。高接时去除的树冠较多，破坏了地上部和地下部的平衡，要确定合适的高接头的数量，接头过少，树冠恢复慢，也会造成根系大量死亡，最后引起地上部的死亡。

149. 如何进行核桃劈接？

核桃劈接北方地区多在 3 月下旬至 4 月下旬萌芽前后进行。结合树形改造对树冠进行回缩，削平锯口，用劈接刀在枝条中间劈开，深约 5 厘米。事先蜡封接穗，每个接穗留 1～3 个芽眼，在第一个芽相对的侧面各削 1 个 3～5 厘米的斜面，两侧斜面等长，将接穗插入劈开的砧木中，使接穗的削面基部露出少许，呈半月形，注意要使砧木和接穗的形成层对齐。砧、穗粗度一致时将两侧形成层都对齐，砧木较粗、接穗较细时使一侧形成层对齐，然后用塑料条将嫁接口绑扎严实。未蜡封的接穗需要用塑料袋将接穗整个套起来，以减少水分散失。枝接的时间很关键，一般在展叶后伤流少、成活率高的时候进行，嫁接时需要在树干基部砍几刀"放水"，减少嫁接部位的伤流。一般是用手锯在主干距地面 30 厘米左右处倾斜 30°垂直锯入木质部

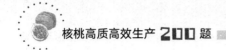

2～3厘米，粗干深、细干浅，一般有3～4道放水口就可以了。

嫁接时要注意捆好后接穗不能松动，即使用手摇也不易晃动为宜，初学嫁接的人常捆扎不严，因接穗松动导致嫁接失败。接穗松动的主要原因：一是接穗削面的角度与砧木开口的角度不一致，二是接穗削面凹凸不平。接穗削面角度大，使先端夹不紧；接穗削面角度小，使后部夹不紧，接穗削面的角度要多多练习才能掌握。另外，形成层没有对齐也是嫁接失败的原因之一。不嫁接的其他伤口要涂抹愈合剂加以保护，减少树体水分散失。

150. 如何进行核桃插皮接？

插皮接又称皮下接，适用于较粗的砧木，必须在砧木"离皮"以后进行。先将砧木锯断，削平锯口，在砧木光滑部位，由上向下垂直划一刀，深达木质部，长度与接穗削面等长，同时用刀将皮层向两边挑开。接穗削面呈马耳形，长4～6厘米，然后在削面的背面先端轻轻削1个小斜面，长0.5厘米，也可左右削两刀，呈两个小斜面，便于往下插接穗。还可以将削面的背面蜡层、皮层轻轻用刀刮去，露出白绿相间的韧皮部，这样可以加大接触面，有利水分和营养运输，促进愈伤组织的形成。接穗削好后插入砧木的小口中，只留下接穗削口基部0.5厘米左右，露白，呈半月形。最后用塑料布包扎严实。插皮接时砧、穗接触面大，嫁接成活率高，生产上应用较多，但嫁接成活初期砧、穗结合部的机械承受能力较差，接穗萌发后易被风吹折，需要及时进行支护。

151. 如何进行核桃插皮舌接？

砧木锯断后选光滑处由下至上削去1条老皮，长5～7厘米，宽1～1.5厘米，露出皮层。接穗削成4～6厘米的单削面，呈马耳形，用手捏开削面背后的皮层，使之与木质部分离，将接穗削面的木质部插入砧木削去表皮处的木质部和皮层之间，用接穗捏开的皮层盖住砧木表皮的削面，最后用塑料条绑扎严实。接穗不离皮时很难捏开，进行插皮舌接的接穗要事先进行催醒处理使之离皮。方法同种子的催芽，注意把握处理的时间、温度和湿度，催醒时间过长会使接穗萌发，导致嫁接成活率降低。插皮舌接方法稍微烦琐一点，但它是核桃枝接成活率最高的方法。

152. 如何进行核桃净干芽接？

核桃树高接用芽接的方法时要配合重回缩截干，待隐芽萌发后选留位置合适的新梢，其余的抹除，5月底至6月初在新梢上用方块芽接的方法进行嫁接，这种方法称为"净干芽接"。

高接换优时要注意，劣质树是指成花、结实少，且果实品质差的树，这样的树需要改接更换优良品种，衰老期的树不宜高接换优。换优时应在春季萌芽后截去大枝，并去除大枝上的所有分枝，在当年萌发的新枝上芽接效果好，从萌发的新枝中，结合树形改造，选好主枝，更换良种。另外还需要注意大树高接要根据原有树冠大小考虑高接枝的数量，原有树冠大的，高接枝数量也要多，以尽快恢复树冠，恢复地上部营养向根系的供应，避免根系大量死亡，恢复地上地下的平衡。近年有些地方高接后死树现象较多，就是由于高接头数量过少，破坏了地上地下的平衡，根系得不到养分供应而死亡，进而导致地上部也死亡。

153. 高接换优后如何管理？

核桃树高接换优后的管理十分重要，为提高存活率尽快恢复树冠，必须加强管理，嫁接后的管理主要包括以下内容。

(1) 检查成活。嫁接1周后检查接芽，接芽新鲜饱满的说明嫁接成活；接芽变黑的没有成活，要及时进行补接。嫁接时注意保护好芽的生长点，如果没有了生长点就不能抽生枝条，生产中曾经出现过芽片成活而无法萌芽的情况。

(2) 剪砧。嫁接后7～10天，确认成活后要把接芽以上留的2片复叶剪掉，在接芽以上1.5～2厘米处剪截，促进接芽的萌发生长。

(3) 除萌。嫁接后原来的枝干上会萌发许多嫩梢，应及时抹除3～5次，以集中养分供应接芽生长。

(4) 解除绑缚物。嫁接成活后接穗生长迅速，可在新梢长到10～20厘米时解除绑缚物，以防将嫁接部位勒紧，影响其增粗。

(5) **设立支柱。**高接后接芽生长迅速，接口部位结合还不牢固，支撑能力差，容易被风刮折，可在旁边绑一根 1.5 米长的竹竿或木棍，先用细绳将竹竿与原来的粗枝绑在一起，需绑 2 道固定，相距 20 厘米左右，使支棍不能随便晃动，同时要注意使支棍的角度开张，再将新梢顺着竹竿松松地绑一下，起到固定作用，同时还能开张枝条角度，注意不要把接穗枝条绑得太紧，防止接穗枝条增粗时缢伤。新梢每延长 30 厘米左右就再绑一道，可绑 3～5 道。

(6) **摘心。**按照树形培养要求，一般在接穗长到 50～60 厘米（小冠树形）时，或者 80～100 厘米（大冠树形）时摘心促进分枝。9 月中旬对没有停长的新梢进行摘心促进其枝条充实。

(7) **病虫害防治。**高接换优的树枝叶幼嫩容易遭受病虫害，在管理过程中要注意观察，及时发现、及早防治。

(8) **调整树形。**嫁接成活后要根据树体情况及时进行整形修剪，维持合理的树体结构，争取早结果、多结果。

五、花果管理与采收

154. 核桃雌花、雄花有何特点？

核桃雌雄同株异花，雌花为总状花序，可单生或2～5朵簇生（彩图41），少数品种有10～15朵呈穗状花序，形成穗状核桃。雌花无花瓣和萼片，柱头羽状2裂，黄色，子房1心室，下位。雄花为柔荑花序，长8～12厘米，每花序着生约130朵小花（彩图42），每花序可产生180万粒花粉或更多，其中有生活力的花粉约占25%，当气温超过25℃时会导致花粉败育。单生雌花多的产量低，双生雌花多时核桃容易丰产，适当疏除80%～90%的雄花序，有明显增产效果。

155. 核桃雌花开放有何特点？

核桃雌花为混合芽，春季萌发后先抽生枝条，在其顶端雌花开始显露，雌花单生或2～5朵簇生，刚露出的幼小子房，二裂柱头抱合，无授粉受精能力，5～8天后子房逐渐膨大，羽状柱头向两侧张开，这时为始花期。当柱头张开呈倒"八"字形时，柱头正面突起且分泌物增多，此时为开花盛期，接受花粉能力最强，为授粉的最佳时期。经3～5天以后柱头表面开始干涸，授粉效果较差，称为雌花末期。以后柱头枯萎变褐色，失去授粉能力。雌花先于雄花开放的称为"雌先型"，雄花先于雌花开放的称为"雄先型"，雌、雄花同期开放的称为"雌雄同期型"，生产中以"雌雄同期型"品种授粉效果为最好。

156. 核桃雄花开放有何特点？

春季雄花芽膨大伸长，由褐变绿，经12～15天，花序达到一定长度，基部小花开始分离，萼片开裂露出花粉，再经 1～2 天，开始散粉的小花向先端延伸，此时为散粉盛期，持续 2～3 天，中午气温高时散粉量最多。自然条件下花粉寿命为 2～3 天。雄花散粉完毕后，雄花序变黑脱落。散粉期如遇低温、阴雨或大风，将对散粉和受精产生不良影响。雄花过多、消耗养分和水分过多，会影响树体的生长和结果，疏除雄花 90％，可增产 15％左右。

157. 如何疏除多余的核桃雄花？

核桃雄花芽一般位于一年生枝条的下部几节，雄花芽为裸芽，雄花序为柔荑花序，雄花量特别大，尤其是大树的雄花量更大，雄花序伸长过程中需要消耗大量的营养，人工疏雄可减少树体水分、养分的消耗，提高坐果率、增加产量，有利于植株的生长发育，是一项逆向施肥灌水技术。采取人工去雄和辅助授粉，一般可提高产量 30％～40％。疏雄的时期以 3 月下旬至 4 月上旬为宜，以雄花膨大至 1～2 厘米时为好，太早不容易操作，太晚浪费养分。

疏雄的方法是用手抹除膨大的雄花芽，结合修剪用带钩木杆，将枝条拉下用手掰除雄花芽，疏除量可达到全树的 80％～90％，大树可以疏掉 90％～95％，主栽品种多疏，授粉品种少疏，在一个树冠内疏，树冠内部、下部的雄花，留树冠上部、外围的雄花，对于混合花芽较多、雄花芽较少或很少的植株，则应少疏或不疏雄花。另外在冬季修剪时，可以将只有顶芽是叶芽的雄花枝剪掉。密植园可以将树冠 1.5 米以下的雄花序全部去除。

采集伸长的雄花序，去掉小花，留下花序轴，焯水晒干后可以食用，云南称之为"长寿菜"。

158. 如何进行核桃花粉采集？

核桃人工授粉时要先采集花粉。春季采集将要散粉或者刚刚开始散粉的雄花序，放到干燥的室内，平铺在干净的报纸上 1～2 层，在 20～25℃的条件下阴干，隔几个小时翻动 1 次，经过 24～48 小时即可散粉。用家庭筛面粉的筛子过筛，收集黄色的花粉放在干燥的玻璃瓶中，常用的是青霉素、广口瓶或罐头瓶，封紧瓶口，放入冰箱冷藏室（4℃）可保存 10 天左右。花粉在自然条件下的寿命只有 2～3 天，刚散出的花粉生活力高达 90％，放置 1 天后降至 70％；在室内 6 天后全部失活，在冰箱冷藏 12 天后生活力下降到 20％以下。

159. 如何进行核桃人工授粉？

核桃人工授粉可以有效解决雌雄异熟，花期不遇的问题，通过人工授粉可大大提高坐果率，人工授粉的方法有很多，可根据实际情况选择合适的方法。

(1) 喷液法。将采集到的雄花粉配成 0.02％的悬浮液，用喷雾器喷洒，要随配随用，配好的花粉液不能长期保存。可在液体中加入 0.2％～0.3％的硼砂，增强授粉效果。

(2) 喷粉法。将花粉与滑石粉（面粉、淀粉等）按 1：(8～10) 的比例配制，然后用喷粉器授粉。

(3) 抖授法。将花粉用滑石粉稀释 3～5 倍，放入 3 层纱布袋中，绑在竹竿上，在被授粉树上方人工抖动完成授粉。抖授时也可直接把正在散粉的雄花序装入纱布口袋授粉。

(4) 挂雄花枝。将剪下的雄花枝直接挂在被授粉树上让其自然散粉，完成授粉。

(5) 点授法。用干净的毛笔、带橡皮头的铅笔等蘸上纯花粉直接点授。

另外，花期喷 0.2％～0.3％的硼砂（或硼酸）有利于花粉管的伸长，有利于坐果，花期补充尿素（0.3％～0.5％）、磷酸二氢钾（0.3％～0.5％）等都可以提高坐果率。

160. 核桃落花落果有什么规律？

核桃一般落花较轻而落果较重，核桃雌花末花期子房未膨大时就脱落的称为落花，子房发育膨大后再脱落者称为落果。落果多集中在柱头干枯后的 30～40 天，尤其在果实快速生长期落果最多，称为"生理落果"。第一次生理落果在 5 月下旬，落果率可达 53.6％，第二次在 7 月上旬，落果率约 4.1％。生理落果的原因主要有授粉受精不良，花粉、胚珠败育，受精过程受阻，花期低温，树体营养积累不足，以及病虫害等。核桃采前落果约为 6.5%。在生产中需要根据落花落果规律进行科学管理，为树体生长提供充足的肥料、水分供应，通过修剪控制营养生长，协调枝条生长和果实发育、花芽分化的矛盾，以减少落果，增加产量，既要保证当年的产量，也要为翌年开花结果留够足够的花芽。

161. 如何进行核桃疏花疏果？

核桃疏花疏果可节约养分、增大果个，疏果的时间在生理落果后，一般在雌花受精后 20～30 天，即幼果直径 1～1.5 厘米时进行。小树、弱树要多疏，早实核桃小树栽后头 3 年内不留果，以尽快扩大树冠增加结果部位。疏果仅限于坐果率高的早实核桃品种，晚实类型核桃结果少，一般不进行疏果。

疏果时直接用手将幼果掰掉即可，一般疏弱枝上的果，强枝上要多留果。疏果时核桃大树的标准是每平方米树冠投影面积留 60～100 个果实。针对早实型核桃小树的疏果标准还没有详细的研究，而且这个标准实际操作时比较困难，需要尽快仿照苹果建立距离留果法的疏果标准。

162. 核桃果实有何特征？

核桃果实为假核果，由子房发育而成，圆形、椭圆形或卵圆形，果皮肉质，幼时有黄褐色茸毛，成熟时无毛，表面绿色，具稀密不等的黄白色斑点，习惯将果皮称为总苞或青皮（彩图 43）。每个果实中有种子 1 枚，即核桃的坚果。坚果核壳坚硬，多为圆形，表面具刻沟或稍光滑，种仁呈脑状，被浅黄色或黄褐色种皮，其上有明显或不明显的脉络。核桃的种仁是其食用部分。核桃坚果的大小，三径平均一般为 4～5 厘米，最大可达 6 厘米，最小的不到 3 厘米。核桃果实大小因品种、栽培条件、结果多少、果实着生部位不同而有变化。

163. 引起核桃"空苞"的原因有哪些？

在核桃生产中，会出现部分果实只有种壳没有种仁的情况，这种现象称为"空苞"现象，"空苞"现象的发生，严重影响核桃产量和质量，是造成核桃低产的原因之一。

（1）**环境不适**。核桃适宜栽植在温暖地带，若气候反常，极端高温天气持续时间长，会影响种仁的发育，特别是当气温超过40℃时，果实易受日灼伤害，形成"空苞"的概率大大增加。核桃对水分敏感，如果降雨少，干旱严重，又没有条件浇水来补充水分时，常导致核桃因水分供给不足，果实发育受阻，而造成"空苞"现象的发生。

（2）**授粉不良**。核桃为雌雄同株异花树种。绝大多数核桃雌雄花开放是不同步的，有的雌花先开，有的雄花先开。雌雄花开放时间的不一致，决定了核桃自花结实率低，有部分果实授粉不充分，不能继续发育，出现"空苞"。在开花授粉期，如遇连阴雨天，不利于授粉受精的进行，导致部分花授粉受精不良，果实不能正常发育，出现"空苞"。

（3）**营养缺乏**。我国核桃生产中以山地栽培为主，核桃园大多立地条件较差。长期以来生产中树体多放任生长，很少施肥，土壤养分贫乏。特别是进入结果期后的核桃树，结果所消耗的养分得不到及时补充，土壤养分亏缺严重，树体长期在饥饿状态下生长，果实生长发育所需营养没有保障，出现"空苞"现象。

（4）**营养失调**。核桃树进入结果期后，树体内营养生长与生殖生长同时进行，枝梢、叶片的生长与花芽分化、开花结果共同完成年生长周期。如果管理不当，会导致树体旺长，造成营养失衡，出现营养生长与生殖生长竞争养分，大量的营养用于枝叶生长，用于果实生长的营养相对减少了，就会出现"空苞"。

（5）**结果过多**。核桃结果性状独特，通常每雌花坐双果，有的甚至串状、穗状结果，结果过多的情况下，果与果之间也存在竞争营养的现象，势必有部分果实营养得不到满足，因此会出现"空苞"现象。

164. 如何防止核桃出现"空苞"？

核桃"空苞"现象不能完全避免，但可以通过采取科学的栽培管理方法，减少"空苞"的产生。

（1）**科学谋划，适地栽植。**在温暖地区栽培时，核桃应以山地为主，通过在高海拔地区栽培，避免高温危害。核桃喜温润的环境，在年降水 600～700 毫米的地区，天然降水可满足核桃结果之需，但会面对降水不均的问题。生产中应全力改善土壤水分供给状况，以减轻旱灾危害，减少"空苞"现象的出现。

（2）**配置授粉树，加强授粉管理。**在栽植核桃树建园时，首先要搞清主栽品种是雄先型的还是雌先型的，然后选择雌雄花期相遇的品种按 1∶4 的比例配足相应的授粉品种，保证花期授粉有充足的粉源，授粉树和主栽品种距离以不超过 50 米为宜。花期遇连续阴雨天气的果园，可加强人工辅助授粉。

（3）**加强施肥管理，保障养分供给。**核桃园长期不施肥，土壤越种越薄，生产中应通过持续不断地增施肥料，培肥地力，提高土壤供肥能力，以利果实充分生长，保证树体生长健壮但不徒长，提高产能，减少"空苞"率。

165. 核桃果实发育过程是怎样的？

核桃果实的发育期是从雌花柱头枯萎到总苞变黄开裂、坚果成熟的整个过程，一般核桃果实发育期需要 130～150 天，分为 4 个时期。

（1）**果实速生期。**从 5 月初至 6 月初，30～35 天，是果实生长最快的时期，其体积占全年总生长量的 90% 以上，重量占 70% 左右。

（2）**硬核期。**也称果壳硬化期，从 6 月初至 7 月上旬，30～40 天，此时果实生长缓慢，主要完成内果皮木质化以及胚的发育，坚果核壳自果顶向基部逐渐变硬，种仁由浆状物变成嫩白核仁，至此果实大小已基本定型。

（3）**油脂转化期。**也称种仁充实期，从 7 月初至 8 月中下旬，50～55 天，核仁不断充实，重量迅速增加，含水量下降，坚果脂肪含量迅速增加，风味由甜淡变成香脆。

（4）**果实成熟期。**从 8 月下旬至 9 月上旬，15 天左右，果实达到该品种应有的大小，坚果重量略有增加，青皮变黄，有的出现裂口，坚果容易脱出，此时果实重量和油脂含量仍有增加，为提高品质，不宜过早采收。

166. 如何确定核桃采收时间?

核桃坚果适宜的采收期大多数是在二十四节气中的"白露"以后,一般是 9 月上中旬,此时青果皮由绿色变黄色,有部分果实顶部出现裂缝,青皮易剥离,内部种仁饱满,幼胚成熟,子叶变硬,风味浓香。要按不同品种分期分批采收,采完一个品种再采另一个品种,不要所有品种一齐采收,早熟品种与晚熟品种成熟期可相差 10~25天。需要注意种仁发育不良的果实会提前"成熟",果皮开裂,种子落地,基本上为瘪仁。

目前,核桃生产中普遍存在早采现象,严重影响其产量和品质。提前采收不仅影响产量,而且品质急剧下降,同一品种提前采收 15天,坚果单粒重降低 4.4%,仁重降低 17.5%,出仁率降低 9.7%,采收过早时青皮不易剥离、种仁不饱满、出仁率和出油率低,且不耐贮藏。为提高产量和品质,应严禁早采,加强宣传,必要时采取干预手段。

同样,采收过晚时果实易脱落,被鸟兽吃掉,青皮开裂后坚果停留在树上的时间过长,会增加受霉菌感染的机会,导致坚果品质下降,采收过晚的果实不容易清洗、壳面发暗、发黑。但是如果用作种子育苗时应适当晚采,让种子充分成熟。

近年来,多地开始在秋分时采收核桃,这样的核桃成熟度高,果实品质高。

167. 如何进行核桃果实采收?

核桃传统的采收方法是用竹竿或带弹性的长木杆击打较细的分枝,使果实落地后人工捡拾,这仍然是目前最主要的采收方法。竹竿击打的正确方法是由上至下,由内到外。顺枝条生长方向敲打,可减少伤枝。一般要提前将树下清耕,或者铺上塑料布,方便捡拾落地的核桃。此法成本低,但往往由于枝叶遮挡而采收不净,也容易打折枝干且影响翌年结果。荒坡地的核桃树下杂草多,很难捡拾干净,采收前应事先清除杂草。

对于矮化密植的纸壳类核桃,应直接用手采摘,防止果实掉落时青皮受伤，污染核壳，但人工手采成本较高。上树采摘时需用果梯或果凳，果梯以三腿梯为好，比较稳定，且容易靠近树冠，果凳要比家庭用的凳子长一些、高一些，方便上下树。

国外核桃常用机械振动法采收，采收前10～20天，在树上喷洒浓度为500～2 000毫克/千克的乙烯利催熟，用振动落果机使核桃振落到地面，再由清扫集条机将地面的核桃集中成条，最后由捡拾清选机捡拾并简单清选后装箱。此法的优点是青皮容易剥离、果面污染轻，但用乙烯利催熟，往往会造成叶片大量早期脱落而削弱树势，另外还容易使冬芽当年萌发，影响翌年产量和树体安全过冬。目前此方法国内运用较少，随着人工成本的增加，在条件适宜的地方可以采用机械采收，需要研究选择合适的采收机械。

168. 采收后核桃如何脱青皮？

核桃采收后需及时脱除青皮，防止青皮腐烂污染核壳，一般的脱除核桃青皮的方法有堆沤脱皮法、乙烯利催熟脱皮法（彩图44）及机械脱皮法等。

（1）堆沤脱皮法。堆沤法是我国传统的脱青皮方法，果实采收后及时运到室外阴凉处或室内，切忌在阳光下曝晒，然后按50厘米左右的厚度堆积，上面覆盖一层塑料布，在塑料布外面盖上厚10厘米左右的新鲜杂草，或者不盖塑料布，直接盖杂草。覆盖可提高堆内温度和湿度，有利于乙烯积累，促进果实后熟，加快离皮速度。一般堆沤3～5天，当青果皮离壳达50%以上时，即可用木棒敲击脱皮。对部分难以脱皮的可再堆沤数日，直到全部脱皮为止。注意堆沤后适时脱青皮，切勿使青皮变黑或腐烂，以免污染种皮和种仁，降低核桃坚果的品质与商品价值。

（2）乙烯利催熟脱皮法。堆沤脱青皮法存在耗费时间长、工作效率低、果实污染率高等缺点，现在推广乙烯利催熟脱皮法。将青皮核桃在2 000倍液（3 000～5 000毫克/千克）的乙烯利溶液中浸泡半分钟，捞出后堆积50厘米厚，盖上塑料布，在温度30℃、空气相对湿度80%～95%的条件下，经5天左右，离皮率可高达95%以上。据测定，这种脱皮法的一级果率比堆沤法多52%，果仁变质率下降到 1.3%，且果面洁净美观。还有一种乙烯利催熟的方法是将核桃堆积后，用喷雾器将配好的乙烯利溶液喷洒在核桃上，再覆盖塑料布、杂草，脱青皮的效果也很好。乙烯利催熟时间的长短与用药液的浓度、果实成熟度有关，果实成熟度高，则用药液的浓度低、催熟时间短。

（3）机械脱皮法。 现在有多种核桃脱青皮清洗机械，带青皮的核桃送入脱皮机后，由旋转刀片将青皮削掉，少量未削净的青皮由钢丝刷清除，紧接着自动用水漂洗干净。若核桃青皮水分含量少，果仁皱缩，需要的揉搓力大，则很容易在脱青皮时损伤果壳，因此，用机械脱皮法脱除核桃青皮时，须在采收后的 1～2 天内脱除。机械脱青皮法加工效率高，坚果外观好，是将来发展的方向。

169. 如何进行核桃坚果清洗？

脱青皮后的坚果表面常有烂皮和污物附着，为提高坚果的外观品质常用清水冲洗。冲洗时可把核桃放在水盆中，用竹扫帚搅洗，可换水清洗 2～3 次，也可以将脱皮的坚果装筐，连筐放入水池或流动的水中漂洗。洗涤时间宜短，每次 5 分钟左右，以免脏水渗入壳内污染果仁，缝合线松或露仁的坚果在漂洗过程中容易进水，最后导致核桃在贮藏过程中发霉。采用机械清洗的功效是人工清洗的 3～4 倍，核桃成品率也会提高 10% 左右，在使用脱青皮清洗机脱皮的同时可完成漂洗工作。

以前果农常用漂白药剂漂白坚果，使其外观光滑白净，但漂白药剂的主要成分是次氯酸钠，对人体有害，现在许多地方已经禁止漂白核桃，只用清水漂洗即可，市场对这类核桃也逐渐认可。用作种子的坚果脱皮后不能洗涤和漂白，应直接晾干后贮藏备用。

170. 如何进行核桃坚果干燥？

核桃坚果脱除青皮后要先干燥后才能长期保存。坚果干燥的方法有自然晾晒法和机械烘干法两种。

（1）自然晾晒法。 坚果洗好后应先在竹箔或高粱秸箔上阴干半天，待部分水分蒸发后再摊放在露天的箔上晾晒，晾晒时厚度不应超过两层，过厚则容易发热使果仁变质，也不容易干燥。晾晒时要经常翻动，要避免雨淋和夜间受潮，一般经5～7天即可晾干。注意用作播种的种子不能曝晒，否则会降低发芽率。

（2）机械烘干法。 北方核桃成熟期正值雨季，如不及时进行晒干处理，就会导致核桃仁色发黑、霉变，影响消费者的选择和核桃价格。可以用火坑或烘干机械烘干核桃。机械烘干法与自然晾晒法相比，机械干制的设备及安装费用较高，操作技术比较复杂，成本也高。但是机械干制具有自然晾晒无可比拟的优越性，它是核桃坚果干制的发展方向。

判断核桃干燥的标准是坚果壳面光滑、洁净，碰敲声音脆响，隔膜容易用手捏碎，种仁皮色由乳白色变为淡黄褐色，种仁的含水率不超过8%。

带青皮的核桃果实含水量高，脱去青皮后可减少55%～60%的重量，坚果晒干后会再减少50%，干核桃的出仁率一般在50%左右，因此，最后带壳核桃重量为青皮核桃的20%左右，而核桃仁重量仅为青皮核桃的10%左右。

171. 如何进行核桃坚果分级？

核桃坚果分级标准按中华人民共和国国家标准《核桃坚果质量等级（GB/T 20398—2021）》执行，普通核桃坚果质量等级要求主要面向散户种植者（表5-1），优质核桃坚果质量要求主要面向规模种植者（表5-2）。生产者要向社会提供符合标准的商品。核桃仁的分级一般由加工企业完成，农户很少进行分级。

表5-1 核桃坚果质量等级

质量等级	均匀度（%）	杂质（%）	缺陷果率（%）	仁含水率（%）
普1	≥80.0	≤1.0	≤7.0	
普2	≥75.0	≤2.0	≤8.0	≤6.0
普3	≥70.0	≤3.0	≤9.0	
级外	—	≤8.0	≤10.0	

表 5-2　优质核桃坚果质量要求

项目	果壳	均匀度 (%)	破损果 (%)	出仁率 (%)	仁含水率 (%)	异色仁 (%)	杂质 (%)	缺陷果			
								干瘪果率 (%)	病虫果率 (%)	生霉果率 (%)	出油果率 (%)
优 1	自然属性	≥95.0	≤2.0	≥50.0	≤5.0	≤5.0	≤1.0	≤2.0	≤0.5	≤0.5	≤0.5
优 2	的颜色、缝	≥90.0	≤4.0	≥45.0	≤5.0	≤10.0	≤1.0	≤3.0	≤1.0	≤1.0	≤0.6
优 3	合线紧密	≥85.0	≤6.0	≥40.0	≤5.0	≤15.0	≤1.0	≤4.0	≤1.0	≤1.0	≤0.8

172. 如何进行核桃坚果贮藏？

核桃的贮藏场所宜选择冷凉、干燥、无鼠害的地方，将分级后的坚果用干燥、结实、清洁的编织袋包装，果壳薄于 1 毫米的核桃可用纸箱或塑料周转箱包装，防止挤压。在运输过程中，应防止雨淋、污染和剧烈碰撞。核桃在自然条件下仅可贮藏 10 个月，有条件的可在冷库中贮藏，贮藏温度为 0~4℃，贮藏期间注意通风降温，可保存 1~2 年，但要注意核桃在温度高、湿度大时容易造成酸败（俗称哈喇）。核桃仁恒温贮藏库要求温度 -1~5℃，空气相对湿度 55%~60%，少量的核桃仁也可常温贮藏，应注意防鼠防虫，且不能混贮。

绝大多数的核桃是以带壳核桃或核桃仁的形式销售的，核桃常见的加工产品包括罐头类食品、糖果制品、糕点制品、炒货制品、饮料食品、乳制品、核桃油等。另外有极少部分是带青皮销售的，因为青皮核桃特殊的风味，受到许多人的追捧，有一定的市场潜力，但青皮核桃极不耐贮藏，使这一销售形式受到很大的季节限制，且核桃青皮酚类物质含量比较高，食用时容易污染手指，需要选择专门的青皮不污染手指、耐贮藏的鲜食核桃品种。

六、核桃病虫害防治

173. 核桃病虫害防治的方针和原则是什么?

核桃病虫害的防治,应全面贯彻"预防为主,综合防治"的植保方针,在病虫害防治的关键时期用药,把病虫害控制在不影响经济产量的范围之内。同时要注意无公害农产品、绿色食品、有机食品等的相关要求,注意不能使用国家禁止使用的农药,不能随意加大药量,注意不同农药的安全间隔期,防止农药残留超标。在防治病虫害时,首先考虑农业技术措施,包括物理方法、生物方法、人工方法等,在进行化学防治时优先选用矿物源、植物源、生物制剂的农药;其次选用低毒、低残留化学农药,并注意交替使用减少农药用量;限制使用中毒农药,严禁使用高毒、高残留和致癌、致畸、致突变的农药,禁止使用无"三证"(农药登记证、生产许可证、生产批号)的农药。

174. 核桃主要病害有哪些?

核桃病害主要有核桃根腐病、腐烂病、枝枯病、干腐病、白粉病、细菌性黑斑病、褐斑病、核桃灰斑病等。

175. 核桃主要虫害有哪些?

核桃树常见的虫害有蚜虫、天蛾类、银杏大蚕蛾、核桃举肢蛾、云斑天牛、核桃根象甲、核桃果象甲、核桃叶甲、核桃小吉丁虫、草履蚧(彩图 45)、大青叶蝉(彩图 46)、核桃木尺蠖、核桃缀叶螟、核桃瘤蛾、黄须球小蠹、芳香木蠹蛾、黄刺蛾类等。

176. 核桃腐烂病如何识别和防治?

核桃腐烂病又名"黑水病",主要危害枝干树皮,因树龄和感病部位不同,其病害症状也不同,大树主干感病后,病斑初期隐藏在皮层内,俗称"湿囊皮"(彩图47、彩图48)。病斑沿树干纵横方向发展,后期病斑皮层纵向开裂,流出大量黑水,有酒糟味,当病斑环绕树干1周时,导致幼树侧枝或全株枯死。枝条受害主要发生在营养枝或2~3年生的侧枝上,感病部位逐渐失去绿色,皮层与木质剥离迅速失水,皮下密生小黑点,整枝干枯。另一种是从剪锯口产生明显病斑,沿梢部向下蔓延。

腐烂病的防治方法如下。

①加强树体管理,使树势保持中庸强健,增强抵抗能力,树势衰弱的容易染病。

②发芽前全树喷5波美度石硫合剂,减少病原,预防染病。

③刮治病斑。早春病斑容易识别时集中刮治,平时发现病斑随时刮治,做到"刮早、刮小、刮了",刮口应光滑平整,最好刮成菱形,以利于愈合,病疤刮除范围应超出变色坏死组织1厘米左右,切口垂直。刮下的病屑应收集烧毁,严禁留在地里造成二次传染。伤口及时涂抹防治腐烂病的药剂。

④采收后结合修剪剪除病虫枝,刮除病皮收集烧毁,减少病菌侵染源,冬季树干涂白,预防冻害、虫害引起腐烂病。修剪时剪刀经常消毒防止剪刀带病传播,大的剪锯口涂抹愈合剂有利于伤口愈合,也有助于减少病菌侵入。

⑤药剂防治。用树腐灵、溃腐灵原液或5倍液均匀涂抹病斑处,或者用腐植酸铜、4~6波美度的石硫合剂等涂抹发病部位,大的病斑可先刮治后涂抹药剂。

⑥桥接。当腐烂病发生严重,干周的1/3都腐烂时,就需要进行桥接补救。可以利用病疤下方的萌蘖枝进行嫁接,核桃树一般无根蘖,主干腐烂时一般需要在病株旁边补栽小苗后嫁接。

177. 核桃褐斑病如何识别和防治?

核桃褐斑病为一种真菌性病害,主要危害叶片,其次危害果实及嫩梢，引起早期落叶、枯梢，影响树木生长。果实和叶片上的病斑呈灰褐色、近圆形或不规则形，严重时病斑连接致使早期落叶。果实上的病斑较叶片病斑小，凹陷，病斑扩展连成片后变黑腐烂，称为"核桃黑"。嫩梢上病斑黑褐色，长椭圆形，稍凹陷，中间有纵裂纹，严重时梢枯。危害幼苗从顶梢嫩叶开始并扩散至整株。褐斑病要以预防为主，不能等到叶片上满是病斑时才用药，那样就晚了，防治效果很差。

褐斑病的防治方法：

①结合修剪清除病枝，收拾枯枝病果集中烧毁或深埋，消灭越冬病菌减少翌年的侵染病原。

②药剂防治。核桃发芽前喷 1 次 5 波美度石硫合剂，展叶前喷 1∶0.5∶200（硫酸铜∶生石灰∶水）的波尔多液，在 5—6 月发病期用 50% 甲基硫菌灵可湿性粉剂 800 倍液防治效果较好。

178. 核桃细菌性黑斑病如何识别和防治？

核桃细菌性黑斑病的病原为细菌，主要危害果实、叶片、嫩梢和枝条。一般植株被害率达 70%～90%，果实被害率为 10%～40%，造成果实变黑、腐烂、早落，核桃仁干瘪，出仁率和含油量均降低。果实受害后绿色的果皮上产生黑褐色油渍状小斑点，逐步扩大成圆形或不规则形，无明显边缘，严重时病斑凹陷，深入核壳，全果变黑腐烂，常称之为"核桃黑"。叶片被侵染后叶正面病斑褐色，背面病斑淡褐色，油光发亮，病斑外围呈半透明黄色晕环，严重时病斑相连成片，叶片皱缩、枯焦、提早脱落。嫩梢受害时在嫩梢上出现长形、褐色并略有凹陷的病斑，当病斑扩展并绕枝干 1 周时，病斑以上枝条枯死，造成干梢落叶。湿度大时病果、病枝流出白色黏液，是识别该病最主要的特征。

细菌性黑斑病的防治方法：

①核桃楸较抗黑斑病，可用核桃楸嫁接普通核桃。晚实品种抗病性强，早实品种抗病性弱。在栽植建园时要选择抗病性强的品种。

②清除菌源，剪除病枝和病果，捡拾落果集中烧毁，减少菌源

基数。

③增施肥料促使树体健壮，提高抗病力。合理修剪减少遮蔽，改善通风透光条件，降低病害发生。

④及时防治核桃举肢蛾等害虫，减少伤口和传播媒介。剪锯口、病虫害伤口要及时涂抹愈合剂，防止病菌侵入，雨水污染。

⑤药剂防治。发芽前喷 3～5 波美度石硫合剂 1 次。5—8 月发病期用琥胶肥酸铜等进行喷雾防治。展叶前喷 1：2：200 的波尔多液保护树体，开花前、开花后、幼果期、果实速长期各喷 1 次 1：0.5：200 的波尔多液、25％代森锰锌可湿性粉剂 600 倍液等，另外 5％阿维菌素5 000 倍液＋45％代森锰锌可湿性粉剂 600 倍液＋0.5％尿素混合喷雾可病、虫兼治，还能起到叶面追肥的作用。

179. 核桃炭疽病如何识别和防治？

核桃炭疽病是一种真菌性病害，主要危害果实，叶片、芽和嫩梢上也偶有发生。一般果实受害率达 20％～40％，严重时可达 95％以上，引起果实早落、核仁干瘪，大大降低了产量和品质。果实受害后病斑近圆形，开始为褐色，后变成黑色，中央下陷，病斑上有许多褐色至黑色点状突起，有时呈同心轮纹状排列，湿度大时病斑上有粉红色突起。一个病果有 1～10 个病斑，病斑扩大或连片，可导致全果发黑腐烂或早落。叶上病斑较少发生，病斑近圆形或不规则形、黄褐色，有的病斑沿叶缘扩展，有的沿主侧脉两侧呈长条状扩展，发病严重时引起全叶枯黄。苗木和幼树、芽及嫩枝感病后常从顶端向下枯萎，叶片呈烧焦状脱落。枝干受害后出现长条病斑，病斑以上枝条枯死，枯枝表面出现馒头状子实体。

炭疽病的防治方法如下。

①选栽抗病品种，增施有机肥，增强树势，提高抗病力。

②栽植时株行距不宜过密，整形修剪时树冠内留枝适当，行间的空间要留下，控制树高，使树体通风透光良好。

③冬季清除病果病叶，集中烧毁或深埋以减少病原，6—7 月及时摘除病果。

④药剂防治。发芽前用 3～5 波美度石硫合剂；开花后发病前用

1：2：200 波尔多液，幼果期为防治关键时期；发病期还可用 50％多·福·锰锌可湿性粉剂 1 000～1 500 倍液、2％嘧啶核苷类抗菌素水剂 200 倍液、50％甲基硫菌灵可湿性粉剂 800～1 000 倍液、50％多菌灵可湿性粉剂 800～1 000 倍液；麦熟前后喷 1：（4～5）：200 波尔多液；多雨季节每隔 10～15 天喷药 1 次，在雨后喷 600～800 倍液的 40％氟硅唑乳油等杀菌剂＋80％代森锰锌可湿性粉剂等保护性杀菌剂。

180. 核桃枝枯病如何辨别和防治？

核桃枝枯病是一种真菌性病害，主要危害核桃树枝干，尤其是 1～2 年生枝条易受害，一般发病率在 20％左右。枝条染病时病菌先侵入嫩枝顶梢，后向下蔓延至多年生枝和主干，造成枝干干枯死亡。染病后枝条皮层初期呈暗灰褐色，后变成浅红褐色或深灰色。染病枝条上的叶片逐渐变黄后脱落，枝条枯死，严重时可造成大量枝条枯死，对产量影响较大。

枝枯病的防治方法如下。

①及时防治核桃树害虫，避免造成虫伤或其他机械伤。

②生长季节及时剪除病枝并烧毁，北方注意防寒，秋季树干涂白，预防冻害。

③主干发病时需刮除病斑，并用 1％硫酸铜消毒再涂抹愈合剂保护。

④药剂防治。发芽前喷 3～5 波美度石硫合剂；在 6—8 月用 70％甲基硫菌灵可湿性粉剂 800～1 000 倍液，或 70％代森锰锌可湿性粉剂 400～500 倍液喷雾防治，每隔 10 天喷 1 次，连喷 3～4 次效果良好。

181. 核桃仁霉烂病如何辨别和防治？

核桃仁霉烂病是坚果贮藏过程中的常见病害，核桃仁霉烂不堪食用，出油率降低。核桃仁发病后外壳症状并不明显，但重量减轻。核桃仁干瘪或变黑色，其表面生长一层青绿色或粉红色甚至黑色的霉层，并具有苦味或霉酸味。

防治方法如下。

①选用抗病品种，提高树体抗性。

②采收时防止损伤，贮藏前剔除病虫果，晾晒或烘干坚果，使果仁含水量不高于 8%，长期贮藏时含水量不超过 7%，贮藏期注意保持低温和通风，防止潮湿。

③药剂防治。发芽前喷 3～5 波美度石硫合剂；发芽前后喷 1：2：200 波尔多液；采收后及时脱除青皮晾晒干，贮藏前用甲醛或硫黄对贮藏场所、包装材料进行密闭熏蒸。

182. 核桃举肢蛾如何识别和防治？

核桃举肢蛾属于鳞翅目，举肢蛾科，又称"核桃黑"。卵初产出时乳白色，孵化前变为红褐色，椭圆形，长 0.3～0.4 毫米。幼虫头褐色，体淡黄色，老熟时体长 7～9 毫米。蛹长 4～7 毫米。黄褐色至深褐色。蛹外有褐色茧，长 7～10 毫米，常黏附草末及细土粒，长椭圆形。成虫体长 4～8 毫米，翅展 12～15 毫米，黑褐色。翅狭长，前翅黑褐色，端部 1/3 处有一近似月牙形白斑，翅基部 1/3 处近后缘有一圆形小白斑，缘毛黑褐色，后翅褐色，后足特长，休息时向上举，是其显著特点，因此而得名举肢蛾，腹背每节都有黑白相间的鳞毛。

防治方法如下。

①在土壤冬季结冻前或春季解冻后清除残枝落叶，深刨树盘，消灭越冬幼虫。

②及时摘除树上虫果，捡拾落地虫果，集中处理，需在 8 月以前摘完。

③成虫羽化前（5 月上中旬）采用在树冠下撒毒土的方法，杀灭羽化的成虫。每亩撒施 2%杀螟硫磷粉剂 2～3 千克，或每株树冠下撒 25%甲萘威粉剂 0.1～0.2 千克，或喷 50%辛硫磷乳油 500 倍液，喷后浅锄 1 遍。

④成虫产卵期及幼虫初孵期，每隔 10～15 天喷洒 1 次杀虫剂。可选药剂有 10%吡虫啉可湿性粉剂 4 000～6 000 倍液，5%吡虫啉乳油 2 000～3 000 倍液，2.5%溴氰菊酯乳油 1 500～2 500 倍液等，将幼虫消灭在蛀果以前。

183. 核桃天牛如何识别和防治？

核桃天牛属鞘翅目，天牛科，别名核桃大天牛、铁炮虫。卵长约8毫米，长卵圆形，略弯曲。初产时乳白色，后逐渐变为土褐色。幼虫体长70～80毫米，乳白色至淡黄色，略扁。前胸背板橙黄色，近方形，中后部有1个半月牙形橙黄色斑。从后胸至第七腹节背面各有一"口"字形骨化区。裸蛹长40～63毫米，初为乳白色，渐变为黄褐色。成虫体长45～97毫米，宽15～22毫米，体底色为灰黑或黑褐色，密被灰绿色或灰白色绒毛。前胸背板有2个肾形白斑。鞘翅基部密布黑色瘤状突起，鞘翅上有不规则白色云状斑。

防治方法如下。

①人工捕杀。在成虫发生期直接捕捉，可利用其假死性震落后捕杀。根据天牛咬刻槽产卵的习性，找到产卵槽，用硬物敲击杀卵。经常检查树干，发现有新鲜粪屑时，用小刀轻轻挑开皮层，将幼虫杀死。

②灯光诱杀成虫。根据天牛具有趋光性，可设置黑光灯诱杀，也可在晚间用普通灯光诱杀。

③当植株受害率较高、虫口密度较大时，可选用内吸性杀虫剂喷施受害树干。

④冬季或产卵前，在树干基部涂白，以防成虫产卵，也可杀幼虫。

⑤幼虫期找到虫孔，掏出粪屑，注入80％敌敌畏乳油100倍液，或50％辛硫磷乳油200倍液，也可用棉球蘸50％杀螟硫磷乳油，塞入虫孔，熏杀幼虫。

⑥保护天敌。招引鸟类，如啄木鸟等。

184. 核桃金龟子如何识别和防治？

核桃金龟子属于鞘翅目，金龟子科，有多种。卵椭圆形，长约2毫米，初为乳白色，后渐变为淡黄色，表面光滑。老熟幼虫体长约40毫米，头黄褐色，胸、腹乳白色。黑绒金龟子成虫体长6～9毫米，体阔3.1～5.4毫米，卵圆形，黑色或黑褐色，也有棕色个体，微有虹彩闪光。

苹毛金龟子体长 9～12 毫米，宽 6～7 毫米，长卵圆形，除鞘翅和小盾片外全体被黄白色细绒毛，鞘翅光滑无毛，黄褐色，半透明，具淡绿色光泽。

铜绿金龟子体长约 19 毫米，宽 9～10 毫米，椭圆形，身体背面包括前胸背板、中胸小盾片和鞘翅均为铜绿色，有金属光泽。

白星金龟子，又名白星花金龟子，成虫体长 17～24 毫米，宽 9～12 毫米，体扁平，体壁厚硬，通体紫褐色或青铜色，有金属光泽，触角深褐色，复眼突出；前胸背板有不规则的白绒斑，翅鞘宽大，近长方形，表面有云片状灰白色斑纹。

防治方法如下。

①新栽幼树套塑料袋防止金龟子啃食幼芽嫩叶，展叶后去除塑料袋。

②利用火光或黑光灯、频振灯诱杀。

③用糖醋液诱杀，将白糖、醋、白酒、水按 1∶3∶2∶20 的比例混合，装入广口瓶或塑料盆中，装满 2/3，挂在树上 1.5 米高的位置，每亩挂 2～3 瓶，2～3 天检查 1 次，捞走诱杀的害虫，补充糖醋液。

④利用其假死性，人工震落捕杀。

⑤药剂防治：用 50% 辛硫磷乳油 1 千克拌细土 100 千克，撒于地表，浅锄后混入土中，防治蛴螬，成虫发生期喷布 50% 马拉硫磷乳油，或 50% 辛硫磷乳油 800～1 000 倍液。

⑥保护天敌，如益鸟、刺猬、青蛙、寄生蝇、病原微生物等。

185. 核桃日灼病如何辨别和防治？

夏季日灼主要发生在果实和嫩枝上（彩图 49）。轻度日灼时果皮向阳面上出现黄褐色、圆形或梭形的大斑块，严重时病斑可扩展至果面的一半以上，果面凹陷，果肉干枯粘在核壳上，引起果实早期脱落。枝条日灼后半边或全枝干枯，受日灼危害后容易引起细菌性黑斑病、炭疽病、溃疡病等病害的发生。冬季枝条也容易发生日灼，主要发生在向阳面，枝条干枯死亡，成为其他病害入侵的伤口。

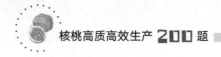

防治方法：

夏季高温时定期浇水，修剪时背上留枝遮挡太阳，枝干涂白防止阳光直射等可以减轻日灼病的发生，秋季摘心、防止枝条徒长、涂白等措施可以防止冬季日灼。在高温出现前喷施2％石灰乳液，或喷洒0.2％～0.3％磷酸二氢钾溶液可起到预防作用，减轻受害。

186. 核桃缺素症如何辨别和防治？

核桃树除对大量元素和中量元素需要量大外，对微量元素也要求全面且充足，如果某种元素缺少或供应量不足，就会发生生理障碍而出现缺素症，影响正常生长发育和产量、品质。生产中以缺铁、缺锌、缺硼和缺铜较为常见。

（1）缺氮。生长期老叶片黄化，叶片小而薄，常提前脱落，新梢生长量少，产量低。

（2）缺磷。树体衰弱、叶片小、老叶片暗绿、提前脱落，新梢生长量少，产量低。

（3）缺钾。缺钾多发生在枝条中下部，叶片变灰白、小叶叶缘呈波状内卷，叶背面呈淡灰色，叶子和新梢生长量降低、坚果变小。

（4）缺铁。发病从嫩叶开始，叶色发白，叶脉两侧保持绿色，缺铁严重时叶片失绿加重，甚至全叶呈黄白色甚至白色，病叶边缘焦枯，最后全叶枯死早落，严重时新梢顶端枯死，又称黄叶病。

（5）缺锌。叶小而黄，卷曲，枝条顶端枯死，又称为核桃小叶病。

（6）缺硼。主要表现为小枝枯死，小叶叶脉间出现棕色斑点，小叶易变形，幼果易脱落，病果表面凹凸不平，表皮木栓化。

（7）缺铜。常与缺锰同时发生，初期叶片出现褐色斑点，引起叶片变黄早落，核仁萎缩，小枝表皮发生黑死斑点，严重的造成枝条枯死。

（8）缺锰。叶片失绿，叶脉之间变为浅绿色，叶肉和叶缘发生枯斑，易早落。

防治方法：

核桃树缺某种元素只有补充该种元素才能矫正过来，若补充其他元素，不仅无济于事，有时甚至引起拮抗作用抑制树体对其他元素的吸收，从而引发其他缺素症或肥害。因此，对核桃树施肥时肥量要足，元素要全，比例要协调，施肥要适时，方法要得当。

缺锌时在发芽前树冠喷 4%～5% 的硫酸锌或在展叶后喷 0.3% 硫酸锌，每隔 15～20 天喷施 1 次，共喷 2～3 次。缺铁时用 0.5%～3% 硫酸亚铁灌根（土施），也可在施基肥时施入，每株大树可施硫酸亚铁 0.5 千克。缺硼时在雄花落花后喷施 0.3% 硼砂溶液 2～3 次，成年树可每株土施硼砂 150～200 克，施后灌水。缺铜时可通过喷施波尔多液来补充，也可单喷 0.3%～0.5% 硫酸铜溶液，或土壤灌注 0.5% 硫酸铜溶液。

187. 如何防止核桃晚霜危害？

核桃花期不耐低温，萌芽期至雌花期易受晚霜危害，近年来春季晚霜危害使核桃产业受到巨大损失，因此，选择耐晚霜的品种成为重要的育种目标，生产中可以选择晋丰、寒丰等晚开花品种，另外早实核桃有腋花芽结果特性，可以适当短截，剪去顶花芽，腋花芽开花较晚可以减少晚霜危害（彩图 50）。

生产中用熏烟、灌水、涂白等措施也有一定减缓晚霜危害的效果，但成本较高且作用有限，实施起来有一定的局限性。

188. 核桃树低温冻害有什么症状？

核桃树遭受低温冻害后，主要表现在树干纵向产生裂纹，枝梢失水抽干死亡，花、叶、芽干枯脱落等几个方面（彩图 51）。依据冻害程度可分为 1～5 级。

(1) 1 级为轻微冻害。秋梢部分受冻后失水抽干，不影响当年产量，一般年份都有不同程度发生。苗木 1～2 年生幼树和当年嫁接后生长新梢发生较多。

(2) 2 级为轻度冻害。一年生枝条 1/4～1/3 部分、1～2 年生嫁接枝条部分受冻后失水抽干死亡，对当年产量有一定程度的影响，1 年内可自行恢复树形、树势。

(3) 3 级为中轻度冻害。一年生和 1～2 年嫁接枝条受冻失水死

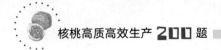

亡，花、叶芽失水干枯死亡，展叶期脱落，当年减产半数以上。

（4）4级为中度冻害。2～3年枝条受冻死亡后，皮层褐变流水。花、叶芽及部分多年生潜伏芽受冻死亡，当年减产90％以上。

（5）5级为重度冻害。主干受冻后产生纵向裂纹，部分主枝及多年生大枝死亡，当年绝收。1～3年幼树根茎部形成层受冻后先产生环状褐色坏死病斑，后皮层变褐腐烂，流出黑水，地上部分整株死亡。

189. 如何预防核桃抽条？

（1）生长期促进枝条发育充实。在生长期喷施果树促控剂（PBO）抑制新梢旺长，促进枝条发育充实。据试验，7月上旬和8月中旬春梢生长期和秋梢生长后期各喷1次果树促控剂400～600倍液，能明显提高枝条的抗冻及防抽条能力。

（2）适时摘心。核桃一年生枝最容易抽条。生长期新梢长60～70厘米时摘心，可促进养分积累，使枝条粗壮充实且木质化程度提高，持水能力增强，提高抗冻及防抽条能力，同时还可促进花芽分化。

（3）防治病虫害。保护枝、干、叶，特别是保护好叶片，以提高光合效能从而增加营养物质，促进枝条成熟，提高越冬抗性。

（4）灌封冻水。10月上旬落叶前结合秋施基肥灌封冻水，每株施农家肥20～50千克，过磷酸钙0.5千克左右，方法是在距主干30～40厘米处向外挖深、宽各40厘米的沟，沟内先施农家肥后施化肥，最后把沟填平浇封冻水，有利于养分贮藏，提高幼树树体的耐寒性。

（5）枝干涂白。11月叶落到入冬前树干涂白，将涂白剂均匀涂刷在树干表面，形成保护层，使树体温度变幅小，防冻效果好。涂白还可防止鼠兔啃咬和病虫危害。

（6）埋土越冬。一年生幼树可在冬前全株埋入土里，埋土厚度30～40厘米。对较高的幼树用牛皮纸或草绳将上部包扎，然后树干根部埋土，是最常用的一种防冻办法。

（7）树干包扎。用毡、绒布、玉米秆、葵花秆、稻草、塑料布、塑料编织袋缠绕树干基部和主枝并捆好，进行包扎御寒，过冬后取下包扎物烧毁，杀死隐藏在树干包扎物中的病菌和害虫。

(8) 树体喷施抽干防冻剂。苗木和幼树在休眠期可喷施防抽防冻剂以保护枝条，减少冻害发生。

(9) 及时扫雪。在大雪后及时摇落树上的积雪，及早扫除树盘积雪，预防树干基部冻害，根茎冻害。

(10) 果园熏烟。注意天气预报，若有寒流来临则在果园顺主风方向烧草熏烟，减少地面辐射的散发可增温 2～4℃，霜冻前 2～3 天灌水可增温 2～3℃，避免低温伤害。

190. 抽条后如何管理？

苗木受冻后要加强管理，促其尽快恢复生长、恢复树势。对于遭受冻害但嫁接枝基部尚有存活芽的嫁接苗，剪除受冻干枯枝，加强肥水管理促进其生长；对于冻害使嫁接部位以上全部干枯的嫁接苗应进行平茬处理，加强肥水管理，利用原有根系培养苗干，夏季进行芽接；因冻害而死亡的幼树春季应进行补植；地温回升后尽早浇萌芽水，促进受冻幼树尽快萌发。树芽萌发后适时剪除干枯的枝干，重新培养树形（彩图 52）。

191. 核桃病虫害流行的因素主要有哪些？

核桃病虫害流行的因素主要有以下 3 种。

(1) 品种因素。早实类型核桃抗病虫能力差，晚实类型抗病虫害能力强，引自新疆的品种抗病虫害能力差，而原产于华北的晚实类型品种抗病虫能力较强。

(2) 气候因素。夏季高温高湿、通风不良的地方容易发生果实或叶片病害，造成大量的落叶和落果，降水过多造成病菌随雨水传播并因湿度加大，增加了防治困难，因此，夏季是防治病虫害的关键时期。冬季过度严寒容易造成枝干冻害，引起翌年病害大面积发生。

(3) 管理因素。一般管理粗放，土壤瘠薄，排水不良，肥水不足，树势衰弱或遭受冻害及盐害的核桃树易感染病虫害。另外雨水多，伤口多，杂草多，土壤黏重板结，排水不良，园内荫蔽，通风透光不良，受抽条、晚霜危害等情况下容易出现病虫害大发生。

192. 防治病虫害的农业措施有哪些？

无公害果品和绿色果品的生产都要求使用限定范围的杀虫剂和杀菌剂，而有机农业要求不使用化学农药，在生产中采取适当的农业技术措施来消灭病虫害是现代农业发展的方向。

(1) 积极采取预防措施。 严格检疫，选择无病虫害的苗木。发现病虫害时，立即采取措施彻底消灭。增施有机肥，调整水肥管理制度，合理整形修剪，适当疏花疏果，加强管理，增强树势，提高抗病抗虫能力。

(2) 阻断病虫危害。 在树干基部缠一圈塑料布，或涂粘虫胶可阻止害虫上树。地面培土或覆盖地膜阻碍越冬害虫出土。春天害虫出土前在树下方圆1～2米用地膜覆盖，可阻止大部分在土中越冬的害虫出土，铺设地膜时要平整地面确保无土块或草茬子，防止地膜破损，四周用土封严，面上适当压些土块防风吹走。在枝干上缠纸或塑料布，树干涂白等可阻止大青叶蝉产卵。新栽幼树春季套塑料袋既可保水增温提高成活率，也可防止金龟子啃食新发的嫩叶，也有人用旧报纸糊成筒状套住幼树，效果也不错。

(3) 诱杀害虫。 用性诱剂、糖醋液等诱杀害虫。在距地1.5米的树枝上挂1个装有半盆洗衣粉水的直径20厘米左右的塑料盆，诱芯悬于中央水面以上约1厘米处，害虫受引诱后掉入盆中淹死。性迷向剂可使雌雄成虫找不到交尾对象从而不能产卵，减少后代数量。用黑光灯、频振杀虫灯等防控害虫。黑光灯可诱杀多种害虫，1个灯可控制2公顷的范围；频振灯效果好于黑光灯，杀虫功效为前者的1.9倍，单灯可控制2.67公顷，用太阳能杀虫灯可省去拉电线的麻烦，果园放置时灯高2米为宜。普通的灯光、火堆等也有一定的诱杀作用。秋季在树干上绑缚草把或诱虫纸板，诱集害虫产卵，然后集中销毁。

(4) 利用天敌防治害虫。 保护利用自然界核桃病虫害的天敌，常见天敌有寄生蝇，寄生蜂，益鸟（大山雀、大杜鹃、啄木鸟、灰喜鹊、柳莺），刺猬，青蛙，螳螂，食螨瓢虫类，草蛉类，花蝽类，捕食螨，步甲，蓟马类，食蚜蝇，隐翅甲类等。在果园发现天敌时要注意保护，加以利用；也可人工繁殖放养寄生蜂、赤眼蜂等天敌。利用线虫，以及细菌、白僵菌、核型多角体病毒等病原微生物治虫。果园养鸡、鸭，可吃掉部分害虫和杂草。

193. 如何自制石硫合剂?

石硫合剂主要成分为多硫化钙，呈碱性，能够渗透和侵蚀病菌体细胞及害虫体壁，破坏病菌和害虫的生理活动。石硫合剂能防治多种果树的害螨、锈壁虱、介壳幼（若）虫、蚜虫，也可防治褐腐病、溃疡病、炭疽病、白粉病、锈病、细菌性穿孔病等多种病害。因此，在果树病害发病前或发病初期施用效果才好。

石硫合剂的原料为块状生石灰、硫黄粉和水，比例为1:2:10。

熬制石硫合剂时，先将水放在铁锅内加热烧开，同时用少量的热水将硫黄粉拌成浆糊状，然后慢慢倒入烧开水的锅内（为防止熬制过程中水分蒸发消耗，可多加1份水）并不停地搅拌。当水再次沸腾后将石灰分3～4次加到锅内，进行搅拌，并减小火势。加完石灰后一般再加热20～25分钟，即成红棕色的石硫合剂溶液，可将其过滤后倒入缸内备用。一般原液的浓度为25～30波美度。为防止药液氧化变稀可向缸内滴几滴煤油封住液面备用。

194. 如何使用石硫合剂?

石硫合剂是矿物源的杀虫杀菌剂，在生产中对核桃园病虫害的防治具有很好的效果，一年可以喷施2次，秋季落叶后至上冻前喷1次，春季萌芽前再喷1次，可有效降低核桃园病虫害基数，为全年病虫害的防治打下基础。使用时先用波美比重计测量原液的波美度，然后根据需要进行稀释，加水稀释倍数＝（原液波美度－施用波美度）÷施用波美度。一般休眠期使用的浓度为3～5波美度，注意石硫合剂不能与其他农药混合喷施。现有商品石硫合剂按使用说明稀释即可，最好用波美比重计测量一下稀释后的药液浓度。

195. 如何自制涂白剂？

早春昼夜温差大的地方，枝干因长时间受昼融夜冻的影响，容易使其阳面的皮层坏死干裂，严重影响幼树的生长，采用涂白防寒可取得良好的效果。冬季涂白可防虫防病，减少抽条，夏季涂白可有效防治日灼病。涂白剂的配方较多，使用时可根据所能获得的材料选择，涂白剂最好当天配制当天用完。涂白剂配制不好或者涂刷不合适时容易脱落，要通过不断实践提高涂白剂的制作质量。现在也有不少商品涂白剂，可以直接购买使用。

配方一：生石灰∶石硫合剂∶猪油∶盐＝10∶2∶1∶0.5。在缸内放入生石灰，慢慢将水洒在石灰上，将生石灰化开，化好后加石硫合剂原液，边倒边搅拌，再依次加入熟猪油、盐，最后加30～40倍水搅拌成糊状。

配方二：生石灰12千克，食盐2千克，硫黄粉2千克，豆面0.5～1千克（或废机油0.5千克），水36千克。把生石灰消解后加水调成石灰乳，加入其他配料（豆面先调成糊状），搅拌均匀后即可涂刷树干。

配方三：生石灰10千克，豆浆或面粉、食盐各1千克，植物油100克，水30千克，混合搅拌均匀即成。

配方四：生石灰10千克，石硫合剂或硫黄粉1千克，食盐0.1千克，水40千克，搅拌均匀。

配方五：生石灰10份，石硫合剂2份，食盐1～2份，黏土2份，水30份。先用水化开生石灰，滤去渣子，倒入已化开的食盐水内，依次放入石硫合剂和黏土，按比例加水，搅拌均匀，即为涂白剂。

配方六：生石灰6千克、食盐0.5千克、清水15千克，再加入适量的黏着剂、杀虫杀菌剂，也可加入石硫合剂的残渣，混合均匀，涂抹树干。

配方七：生石灰∶石硫合剂原液∶食盐∶水∶豆汁＝10∶2∶2∶36∶2，混匀，再加入适量的黏着剂等制成，于结冻前涂刷。

196. 如何自制波尔多液？

波尔多液是一种广谱性的含铜杀菌剂，持效期长，耐雨水冲刷，低毒、低残留，病菌很难产生抗性，常用于防治多种果树的叶部和果实病害。波尔多液要随配随用，当天配的药液当天用完，不宜久放，更不得过夜，也不能稀释。配制波尔多液不能用金属器具，尤其不能用铁器，以防发生化学反应降低药效。波尔多液的配置方法通常有两种。

(1) 两液对等配制法（两液法）。硫酸铜 0.5 千克，生石灰 0.5 千克，水 100 千克。选优质的硫酸铜晶体和生石灰，分别先用少量的水将生石灰消化制备成石灰乳，用少量的热水溶解硫酸铜，然后分别加入全水量的一半，分别盛于桶内，待两种液体的温度与环境温度相同时，将两种液体同时缓缓注入第 3 个容器内，边注入边搅拌即成天蓝色药液。

(2) 稀硫酸铜注入浓石灰乳配制法（稀铜浓灰法）。用全水量的 10% 消化生石灰，搅拌成石灰乳，90% 的水溶解硫酸铜，然后将硫酸铜溶液缓慢注入石灰乳中（如喷入石灰乳中效果更好），边倒入边搅拌即成。千万注意，绝不能将石灰乳倒入硫酸铜溶液中！否则会产生大量沉淀，降低药效并造成药害。

硫酸铜、生石灰的比例及加水多少，要根据树种或品种对硫酸铜和生石灰的敏感程度（对铜敏感的少用硫酸铜，对石灰敏感的少用石灰）以及防治对象，用药季节和气温的不同而定。生产中常用的波尔多液有石灰等量式（硫酸铜：生石灰＝1：1）、石灰倍量式（硫酸铜：生石灰＝1：2）、石灰半量式（硫酸铜：生石灰＝1：0.5）和石灰多量式［硫酸铜：生石灰＝1：（3～5）］等，用水一般为 160～240 倍液。

197. 核桃如何进行春季病虫害防治？

(1) 2 月（休眠期）。主要是刮治腐烂病、枝枯病、溃疡病等；喷 5 波美度石硫合剂，防治核桃黑斑病、炭疽病等；细致地敲击树干砸树皮缝中的刺蛾茧、舞毒蛾卵块；清理土石块下越冬的刺蛾、核桃

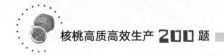

瘤蛾、缀叶螟茧及土缝中的舞毒蛾卵块。

(2) 3月（萌芽前）。 对2月没有喷石硫合剂的，萌芽前喷3～5波美度石硫合剂，可有效防治核桃黑斑病、腐烂病、炭疽病、螨类、草履蚧等多种病虫害的发生。防治草履蚧可将树干基部刮平，缠1圈塑料膜，再涂6～10厘米宽的粘胶环，以粘住并杀死上树的草履蚧小若虫，也可在根颈及表土喷6%柴油乳剂或50%辛硫磷乳油200倍液。

(3) 4月（萌芽、开花、展叶期）。 开花前是山楂红蜘蛛越冬雌虫出蛰期，也是喷药防治的关键期，树上可喷0.4～0.5波美度石硫合剂进行防治。注意天牛的危害，见到有新鲜虫粪的排粪孔及时注射敌敌畏等药剂。及时刮治腐烂病，病斑最好刮成菱形，刮口立茬，光滑平整，刮除范围应超出变色坏死组织1厘米左右，且刮下的病屑要集中深埋。刮口需用50%甲基硫菌灵可湿性粉剂50倍液，或5波美度石硫合剂，或1%硫酸铜溶液进行涂抹消毒。雌花开花前后和幼果期喷50%甲基硫菌灵800～1 000倍液，或1∶2∶200的波尔多液，防治黑斑病、炭疽病等病害。安放频振式杀虫灯、糖醋盆等诱杀金龟子，也可人工捕杀。

198. 核桃如何进行夏季病虫害防治？

夏季正值雨季，也是各种病害易发期，一般在下雨前后喷药防病，同时夏季是各种食叶害虫盛发期，加强田间虫情调查，及时防治食叶害虫，对鳞翅目害虫应在3龄之前喷药防治，根据虫情测报注意喷药防治核桃举肢蛾，及时通过摘除病叶、病果、虫叶、虫果，捡拾落果等方式减少病虫源，必要时喷药防治（彩图53）。

(1) 5月（果实膨大期）。 核桃新梢生长期，易受蚜虫的危害，可用10%吡虫啉可湿性粉剂2 000～2 500倍液防治；用性诱剂监测举肢蛾的发生，树盘覆土，或撒施25%甲萘威粉剂0.1～0.2千克/株阻止成虫出土，或树上喷施50%辛硫磷乳油2 000倍液，或2.5%溴氰菊酯乳油1 500～2 500倍液等；用频振灯、糖醋液等诱杀桃蛀螟成虫。

(2) 6月（硬核期、花芽分化期）。 继续采取人工捕杀、频振灯、糖醋液等物理方法防治云斑天牛、芳香木蠹蛾、桃蛀螟的成虫等，树上喷 50％杀螟硫磷乳油 1 000 倍液防治桃蛀螟，2.5％溴氰菊酯乳油 5 000 倍液防治核桃小吉丁虫，50％甲基硫菌灵可湿性粉剂 800 倍液防治核桃溃疡病、枝枯病、褐斑病等。

(3) 7 月（种仁充实期）。捡拾落果、采摘虫害果并及时深埋，树干绑草诱杀核桃瘤蛾，灯光诱杀云斑天牛、芳香木蠹蛾、桃蛀螟的成虫等。树上喷 50％杀螟硫磷乳油 1 000 倍液防治核桃根象甲、举肢蛾成虫等，喷 10％高效氯氰菊酯乳油 1 000 倍液防治刺蛾、核桃瘤蛾、小吉丁虫等。其他管理同 6 月。

199. 核桃如何进行秋季病虫害防治？

(1) 8 月（果实成熟前期）。捡拾落果、采摘虫害果并及时深埋，树干绑草诱杀核桃瘤蛾，灯光诱杀云斑天牛、芳香木蠹蛾、桃蛀螟的成虫等。树上喷 50％杀螟硫磷乳油 1 000 倍液防治核桃根象甲、举肢蛾成虫等，喷 10％高效氯氰菊酯乳油 1 000 倍液防治刺蛾、核桃瘤蛾、小吉丁虫等。

(2) 9 月（核桃采收期）。结合修剪，剪除枯死枝、病虫枝、叶片枯黄枝及病果并集中深埋；注意腐烂病的秋季防治。

(3) 10 月（落叶前期）。刮除腐烂病斑，刮口涂杀菌剂，方法同 4 月。大青叶蝉于 10 月上中旬至霜降前后开始在枝干上产卵越冬，可喷 4.5％高效氯氰菊酯乳油 1 500 倍液防治。树干涂白有防冻、杀虫、杀菌等三重功效，也可阻止大青叶蝉在树干上产卵。

200. 核桃如何进行冬季病虫害防治？

进入休眠期后，危害果树的各种病虫以不同形式进入越冬状态，潜伏场所一般固定而集中，抓好这一时间进行病虫防治，会给翌年的病虫害防治打下良好基础，对减轻果园全年病虫危害可达到事半功倍的效果。主要的工作如下。

(1) 彻底清园。许多危害果树的病菌和害虫常在枯枝、落叶、病僵果和杂草中越冬。因此，冬季要彻底清扫果园中的枯枝落叶、病僵果和杂草，集中烧毁或堆集起来深埋地下，可降低病菌和越冬害虫的数量，减轻翌年病虫害的发生。

（2）**深翻果园**。果园地深翻应在初冬接近封冻时期进行，即把表层土壤、落叶和杂草等翻埋到下层，同时把底土翻到上面，翻园的深度以 25～30 厘米为宜。经过翻园既可以破坏病虫的越冬场所，把害虫翻到地表上杀死、冻死或被鸟和其他天敌吃掉，减少越冬害虫的数量；又可疏松土壤利于果树根系生长。

（3）**刮皮除害**。各种病菌和害虫大都是在果树的粗皮、翘皮、裂缝及病瘤中越冬。进入冬季要刮除果树枝干的翘皮、病皮、病斑和介壳虫等，可直接除掉一部分病菌和害虫，将刮下的树皮集中烧掉，刮后用 5 波美度石硫合剂消毒。

（4）**剪除病虫枝**。结合冬季修剪除去病虫枯枝，摘除病果、僵果集中烧毁，可以消灭在枝干上越冬的病菌、害虫。

（5）**树干涂白**。大树干上涂刷涂白剂既可以杀死多种病菌和害虫，防止病虫害侵染树干，又能预防冻害。

（6）**绑草把诱虫**。入冬前在果树上绑草把，诱害虫到草把上产卵或越冬；入冬后再把草把取下集中烧掉，杀灭草把中越冬的害虫。

参 考 文 献

刘俊灵，张鹏飞，牛铁泉，等，2015. 核桃生物学特性与整形修剪[J]. 山西果树
　（1）：39-41.

刘群龙，2015. 核桃管理技术三字经[M]. 北京：中国农业出版社.

刘亚令，张鹏飞，段良骅，2009. 果园防治病虫的农业技术措施[J]. 山西果树
　（4）：22-25.

吴国良，2012. 图解核桃整形修剪[M]. 北京：中国农业出版社.

吴国良，张鹏飞，王磊，等，2020. 核桃高效生产技术十二讲[M]. 北京：中国
　农业出版社.

吴国良，2010. 核桃无公害高效生产技术[M]. 北京：中国林业出版社.

杨凯，续海红，张鹏飞，等，2014. 山地果园滴灌工程参数设计[J]. 山西农业大
　学学报（自然科学版），34（3）：281-283.

杨凯，续海红，张鹏飞，2006. 丘陵山区发展早实核桃应注意啥[J]. 山西果树
　（1）：57.

杨凯，张鹏飞，郭向红，等，2014. 山地果园滴灌系统的设备选型[J]. 山西农业
　科学，42（5）：490-492，496.

张鹏飞，刘亚令，牛铁泉，等，2011. 果园工具的改进与推广[J]. 北方果树
　（5）：41-42.

张鹏飞，刘亚令，杨凯，等，2014. 苹果缓势栽培主要措施[J]. 山西果树（6）：
　10-11.

张鹏飞，刘亚令，张燕，等，2006. 核桃无融合生殖现象及其矿质营养变化研究
　[J]. 安徽农业科学，34（10）：2032-2033.

张鹏飞，赵志远，宋宇琴，等，2013. 核桃果实内总酚含量的分析研究[J]. 山西
　农业大学学报（自然科学版），33（4）：324-327，341.

张鹏飞，2020. 图说果树嫁接技术[M]. 北京：化学工业出版社.

张鹏飞，2013. 枣树整形修剪与优质丰产栽培[M]. 北京：化学工业出版社.

张鹏飞，2015. 图说核桃周年修剪与管理[M]. 北京：化学工业出版社.

张鹏飞，2015. 图说苹果周年修剪技术[M]. 北京：化学工业出版社.

图书在版编目（CIP）数据

核桃高质高效生产 200 题 / 张鹏飞主编 . —北京：
中国农业出版社，2022.7
（码上学技术 . 绿色农业关键技术系列）
ISBN 978-7-109-29609-1

Ⅰ.①核… Ⅱ.①张… Ⅲ.①核桃－果树园艺－问题
解答 Ⅳ.①S664.1-44

中国版本图书馆 CIP 数据核字（2022）第 110913 号

核桃高质高效生产 200 题
HETAO GAOZHI GAOXIAO SHENGCHAN 200 TI

中国农业出版社出版
地址：北京市朝阳区麦子店街 18 号楼
邮编：100125
责任编辑：李 瑜 黄 宇 文字编辑：常 静
版式设计：杜 然 责任校对：吴丽婷
印刷：中农印务有限公司
版次：2022 年 7 月第 1 版
印次：2022 年 7 月北京第 1 次印刷
发行：新华书店北京发行所
开本：880mm×1230mm 1/32
印张：4 插页：4
字数：110 千字
定价：28.00 元

彩图1　普通核桃

彩图2　核桃的大小及外壳颜色

彩图3　核桃播种

彩图4　核桃砧木

彩图5　待播种的核桃种子

彩图6　方块芽接

彩图7 核桃苗木

彩图8 山地核桃园

彩图9 平地核桃园

彩图10 鱼鳞坑

彩图11 密植核桃园

彩图12 果粮间作

彩图13 树干涂白

彩图14 低产核桃园

彩图15 树盘覆盖

彩图16 秸秆覆盖

彩图17 核桃园基肥

彩图18 核桃园间作小麦

彩图19 结果枝组

彩图20 伤 流

彩图21 伤 流

彩图22 早实核桃二次枝

彩图23 早实核桃二次枝

彩图24 结果枝组

彩图25 刻 伤

彩图26 环 割

彩图28　疏　枝

彩图27　纵向划皮

彩图29　疏枝留橛过高不易愈合

彩图30　自然圆头形

彩图32　背上枝组

彩图31　核桃自由纺锤形

彩图33 枝 组

彩图34 弱的雌花

彩图35 早实核桃二次花

彩图36 早实核桃二次花

彩图37 幼树期核桃树

彩图38 初果期核桃树

彩图39 盛果期核桃树

彩图40　衰老期核桃树

彩图41　核桃雌花

彩图42　核桃雄花

彩图43　核桃果实

彩图44　乙烯利催熟脱青皮

彩图45　草履蚧

彩图46　大青叶蝉危害

彩图47　核桃腐烂病

彩图48　核桃腐烂病

彩图49　日灼病

彩图50　晚霜危害

彩图51　冻　害

彩图52　抽　条

彩图53　植保机械